개념연결 연산의 발견

“엄마, 고마워!”라는 말을 듣게 될 줄이야!

모든 아이들은 공부를 잘하고 싶어 한다. 부모가 아이의 잘하고 싶은 마음에 대해 믿음을 가지고 도와주는 것이 중요하다. 무작정 이것저것 많이 시켜 부담을 주는 것이 아니라 부모가 내 공부를 도와주고 있다는 마음이 전해지면 아이는 신이 나서 공부를 한다. 수학 공부에 있어서는 꼼꼼하게 비교해 좋은 문제집을 추천해주는 것이 바로 그 마음이 될 것이다. 『개념연결 연산의 발견』을 가까운 초등 부모들에게 미리 주어 아이들이 풀어보도록 했다. 많은 부모들이 아이가 문제 푸는 재미에 푹 빠졌다고 했으며, 문제뿐만 아니라 친절한 개념 설명과 고학년까지 연결되는 개념의 연결에 열광했다. 아이들이 겪게 되는 수학 공부의 어려움을 꿰뚫고 있는 국내 최고의 수학교육 전문가와 현직 교사들의 합작품답다. 아이의 수학 때문에 고민하는 부모들에게 자신 있게 추천한다. 이 책은 마지못해 억지로 하는 공부가 아니라 자발적으로 자신의 문제를 해결해가는 성취감을 맛보게 해줄 것이다.
“엄마 덕분에 수학에 자신감이 생겼어요!” 이렇게 말하는 아이의 모습이 그려진다.

박재원(사람과교육연구소 부모연구소장)

머리말

연산을 새롭게 발견하다!

잘못된 연산 학습이 아이를 망친다

아이의 수학 공부 때문에 골치 아파하는 초등 부모님을 많이 만났습니다. "이러다 '수포자'가 되면 어떡하나요?" 하고 물어 오는 부모님을 만날 때마다 수학의 본질이 무엇인지, 장차 우리 아이들이 초등 시절을 지나 중·고등학생이 되었을 때 수학 공부가 재미있고 고통이지 않으려면 어떻게 해야 하는지, 근본적인 고민을 반복했습니다. 30여 년 중·고등학교에서 수학을 가르치며 아이들에게 초등수학 개념이 많이 부족함을 느꼈고, 초등학교 때의 결손이 중·고등학교를 거치며 눈덩이처럼 커지는 것을 목도했습니다. 아이러니하게도 중·고등학교 현장을 떠난 후에야 초등수학을 제대로 공부할 기회가 생겼고, 학생들의 수학 공부법을 비로소 정립할 수 있어 정말 행복했습니다. 그러나 기쁨도 잠시, 초등 부모님들의 고민은 수학의 본질이 아니라 눈앞의 점수라는 사실을 알게 되었습니다. 결국 연산이었지요. 연산이 수학의 기초임은 두말할 나위 없는 사실인데, 오히려 수학 공부에 장해가 될 줄은 꿈에도 생각지 못했습니다. 초등수학 교과서를 독파하고도 깨닫지 못한 현실을 시중에 유행하는 연산 학습법이 알려주었습니다. 교과서는 연산의 정확성과 다양성을 추구합니다. 그리고 이것이 연산 학습의 본질입니다. 그런데 시중의 연산 학습지 대부분은 정확성과 다양성보다 빠른 계산 속도와 무지막지한 암기를 유도합니다. 그리고 상당수 부모님이 이것을 받아들여 아이들을 속도와 암기에 몰아넣습니다.

좌절감과 열등감을 낳는 연산 학습

속도와 암기는 점수를 높여줄 수 있다는 장점을 갖지만, 그보다 많은 부작용을 안고 있습니다. 빠른 계산 속도에 대한 집착은 아이에게 좌절감과 열등감을 줍니다. 본인의 계산 속도라는 것이 있는데 이를 무시하고 가장 빠른 아이의 속도에 맞추기만 하면 무한의 속도 경쟁에서 실패자가 되기 쉽습니다. 자기 속도에 맞지 않으면 자기주도가 될 수 없으니 타율 학습이 됩니다. 한쪽으로 자기주도학습을 강조하면서 연산 학습에서는 타율 학습을 강요하면 아이들의 '자기주도'는 점점 멀어질 수밖에 없습니다. 또 무조건적인 암기는 이해를 동반하지 않으므로 아이들이 수학을 암기 과목으로 여기게 만들고, 이 때문에 많은 아이가 중·고등학교에 올라가 수학을 싫어하게 됩니다. 아이들은 연산 공부와 여타의 수학 공부를 달리 보지 못합니다. 연산을 공부할 때처럼 모든 수학 공부를 무조건적인 암기와 빠른 시간 안에 답을 맞혀야 한다고 생각합니다. 이러한 생각은 중·고등학교를 넘어 평생 갑니다. 그래서 성인이 된 뒤에도 자신의 자녀들에게 이런 식의 연산 학습을 시키는 데 주저하지 않게 됩니다.

수학이 좋아지는 연산 학습을 개발하다

이 두 가지 부작용을 해결하기 위해 많은 부모님을 설득했지만 대안이 없었습니다. 부모님 스스로 해결하는 경우가 드물었습니다. 갈수록 피해가 커지는 현상을 막아야겠다고 결심했습니다. 그래서 현직 초등 교사들과 의논하고 이들을 설득해 초등 연산 학습을 정리하고 그 결과를 책으로 내게 되었습니다. 교사들이 나서서 연산 학습을 주도한다는 비난을 극복하고 연산을 새롭게 발견하는 기회를 제공해야 한다는 일념으로 이 책을 만들었습니다. 우리 아이가 처음으로 접하는 수학인 연산은 즐거워야 합니다. 아이를 사랑하는 마음으로 제대로 된 연산 문제집을 만들어보자고 했을 때 흔쾌히 따라준 개념연산팀 선생님들에게 감사드립니다. 지난 4년여 동안 휴일과 방학을 반납하고 학생들의 연산 학습 실태 조사, 회의와 세미나, 집필 등에 온 힘을 쏟아주셨습니다. 그리고 먼저 문제를 풀어보고 다양한 의견을 주신 박재원 소장님과 부모님들께 감사의 말씀을 전합니다.

전국수학교사모임 개념연산팀을 대표하여

최수일 씀

특징

개념연결 연산의 발견은 이런 책입니다!

❶ 개념의 연결을 통해 연산을 정복한다

기존 문제집들이 문제 풀이 중심인 반면, 『개념연결 연산의 발견』은 관련 개념의 연결과 핵심적인 개념 설명으로 시작합니다. 해당 문제가 이해되지 않으면 전 단계의 문제를 다시 풀고, 확장된 내용이 궁금하면 다음 단계 개념에 해당하는 문제를 바로 풀어볼 수 있는 장치입니다. 스스로 부족한 부분이 어디인지 쉽게 발견하여 자기주도적으로 복습 혹은 예습을 할 수 있습니다. 개념연결을 통해 고학년이 되어서도 결코 무너지지 않는 수학의 기초 체력을 키울 수 있습니다. 연산을 구조화시켜 생각하게 만드는 개념연결은 1~6학년 연산 개념연결 지도를 통해 한눈에 확인할 수 있습니다. 연산을 공부할 때부터 개념의 연결을 경험하면 수학 전체를 공부할 때도 개념을 연결하는 습관을 가질 수 있습니다.

❷ 현직 교사들이 집필한 최초의 연산 문제집

시중의 문제집들과 달리, 30여 년간 수학교사로 근무하고 수학교육의 혁신을 위해 시민단체에서 활동하고 있는 최수일 박사를 팀장으로, 수학교육 석·박사급 현직 교사들이 중심이 되어 집필한 최초의 연산 문제집입니다. 교육 경험이 도합 80년 이상 되는 현직 교사들의 현장감과 전문성을 살려 문제를 풀며 저절로 개념을 연결시키는 연산 프로그램을 만들었습니다. '빨리 그리고 많이'가 아닌 '제대로 그리고 최소한'으로 최대의 효과를 얻고자 했습니다. 내용의 업그레이드뿐 아니라 형식에서도 현직 교사들의 경험을 반영해 세세한 부분까지 기존 문제집의 부족한 부분을 개선했습니다. 눈의 피로와 지우개질까지 생각해 연한 미색의 질긴 종이를 사용한 것이 좋은 예가 될 것입니다.

❸ 설명하지 못하면 모르는 것이다 –선생님놀이

아이들은 연산에서 실수가 잦습니다. 반복된 연산 훈련으로 개념을 이해하지 못하고 유형별, 기계적으로 문제를 마주하기 때문입니다. 연산 실수는 훈련으로 극복되기도 하지만 이는 근본적인 해법이 아닙니다. 답이 맞으면 대개 이해했다고 생각하며 넘어가는데, 조금 지나면 도로 아미타불인 경우가 많습니다. 답이 맞았다고 해도 풀이 과정을 말로 설명하지 못하면 개념을 이해하지 못한 것입니다. 그래서 아이가 부모님이나 친구 등에게 설명을 하는 문제를 실었습니다. 아이의 설명을 잘 들어보고 답지의 해설과 대조해보면 아이가 문제를 얼마만큼 이해했는지 알 수 있습니다.

❹ 문제를 직접 써보는 것이 중요하다 –필산 문제

개념을 완벽하게 이해하기 위해 손으로 직접 써보는 문제를 배치했습니다. 필산은 계산의 경로가 기록되기 때문에 실수를 줄여주며 논리적 사고력을 키워줍니다. 빈칸 채우는 문제를 아무리 많이 풀어도 직접 식을 써보지 않으면 연산 학습에서 큰 효과를 기대하기 어렵습니다. 요즘 아이들은 숫자를 바르게 써서 하나의 식을 완성하는 데 어려움을 겪는 경우가 많습니다. 연산 학습은 하나의 식을 제대로 써보는 것이 그 시작입니다. 말로 설명하고 손으로 기록하면 개념을 완벽하게 이해할 수 있습니다.

❺ '빠르게'가 아니라 '정확하게'!

초등에서의 연산력은 중학교 이상의 수학을 공부하는 데 기초가 됩니다. 중·고등학교 수학은 복잡한 연산을 요구하지 않습니다. 주어진 문제를 이해하여 식을 쓰고 차근차근 해결해나가는 문제해결능력이 더 중요합니다. 초등학교 때부터 문제를 빨리 푸는 것보다 한 문제라도 정확하게 정리하고 풀이 과정이 잘 드러나도록 식을 써서 해결하는 습관이 중·고등학교에 가서 수학을 잘하는 비결입니다. 우리 책에서는 충분히 생각하면서 문제를 풀도록 시간에 제한을 두지 않았습니다. 속도는 목표가 될 수 없습니다. 이해가 되면 속도는 자연히 따라붙습니다.

❻ 학생의 인지 발달에 맞는 문제 분량

연산은 아이가 처음 접하는 수학입니다. 수학은 반복적으로 훈련하는 것이 아니라 생각의 힘을 키우는 학문입니다. 과도하게 많은 문제를 풀면 수학에 대한 잘못된 선입관을 갖게 되어 수학 과목 자체가 싫어질 수 있습니다. 우리 책에서는 아이들의 발달 단계에 따라 개념이 완전히 내 것이 될 수 있도록 학년별로 적절한 수의 문제를 배치해 '최소한'으로 '최대한'의 효과를 낼 수 있도록 했습니다.

❼ 문제 중간 튀어나오는 돌발 문제

한 단원 내에서 똑같은 유형의 문제가 반복적으로 나오면 생각하지 않고 기계적으로 문제를 풀게 됩니다. 연산을 어느 정도 익히면 자동화되는 경향이 있기 때문입니다. 이런 경우 실수가 생기고, 답이 맞을 수는 있지만 완전히 아는 것이 아닐 수 있습니다. 우리 책에는 중간중간 출몰하는 엉뚱한 돌발 문제로 생각의 끈을 놓을 수 없는 장치를 마련해두었습니다. 어떤 문제를 맞닥뜨려도 해결해나가는 힘을 기를 수 있습니다.

❽ 일상의 수학을 강조하다 -문장제

뇌과학적으로 우리의 기억은 일상에 활용할만한 가치가 있는 것을 저장하고, 자기연관성이 있으면 감정을 이입하여 그 기억을 오래 저장한다고 합니다. 우리 책은 일상에서 벌어지는 다양한 상황을 문제로 제시합니다. 창의력과 문제해결능력을 향상시켜 계산이 전부가 아니라 수학적으로 생각하는 힘을 키워줍니다.

차례

교과서에서는?

1단원 네 자리 수

1000씩, 100씩, 10씩, 1씩 몇 묶음인지 세어 보면서 네 자리 수로 나타낼 수 있으며, 각 자리의 수를 이용하여 두 수의 크기를 비교하는 방법을 배워요. 자릿값의 원리는 앞으로 큰 수를 이해하는 데 큰 도움이 되지요.

교과서에서는?

2단원 곱셈구구

곱셈구구 단원에서는 한 자리 수끼리의 곱셈을 익혀요. 2단과 5단, 3단과 6단, 4단과 8단, 7단, 9단 순서로 학습하고 1단과 0의 곱을 학습하지요. 곱셈구구는 무작정 외우는 것이 아니라 뛰어 세기, 묶어 세기, 같은 수를 계속 더하는 활동을 통해 곱셈구구의 구성 원리를 충분히 이해한 후 암기해요. 실생활 문제를 해결하는 데 곱셈구구가 활용된다는 것을 인식하고 곱셈구구를 자연스럽게 암기할 수 있도록 연습해 보세요.

4권에서는 무엇을 배우나요

1학기에 배운 세 자리 수의 범위를 확장하여 네 자리 수를 공부합니다. 그리고 세 자리 수와 마찬가지 원리로 자릿값을 이용하여 네 자리 수를 이해하고, 네 자리 수끼리 크기를 비교하는 활동을 합니다. 연산에서는 아직 나눗셈을 배우지 않습니다. 1학기에 나온 곱셈의 개념을 확장하여 2~9단 곱셈구구 규칙을 익히고, 1단 곱셈구구와 0의 곱을 공부합니다. 곱셈구구를 활용하여 실생활 문제를 해결할 수 있어야 합니다. 길이 재기에서는 1학기에 학습한 cm에 이어 m가 도입되고, 측정한 두 길이의 합과 차를 계산하는 방법을 공부합니다. 시각과 시간에서는 시계를 보고 분 단위까지 읽는 방법을 배웁니다. 1시간과 하루의 시간을 이해하고 단위를 바꿔 시간을 계산하는 방법을 익힙니다. 규칙 찾기에서는 덧셈표와 곱셈표에서 다양한 규칙을 찾고 설명하는 활동을 합니다.

교과서에서는?

3단원 길이 재기

1학기에 학습한 cm에 이어 m가 도입되고, 측정한 두 길이의 합과 차에서는 같은 단위끼리 더하거나 빼는 방법을 공부해요. 실생활에서 길이의 합과 차가 쓰이는 상황을 이해하고 문제를 해결할 수 있도록 연습해 보세요.

교과서에서는?

4단원 시각과 시간

시계를 보고 분 단위까지 읽는 방법을 학습해요. 긴바늘이 가리키는 눈금을 보고 1분 단위의 시각을 읽어요. 몇 시 몇 분과 몇 시 몇 분 전으로 시각을 읽는 방법을 공부해요. 1시간과 하루의 시간을 이해하고 단위 환산을 이용하여 시간을 계산하는 방법을 익혀요.

교과서에서는?

6단원 규칙 찾기

덧셈표와 곱셈표에서 다양한 규칙을 찾고 설명해 보세요. 이전에 학습한 내용과 덧셈과 곱셈을 이용하여 표를 완성하고 표에서 다양한 규칙을 찾아 보세요.

개념연결 연산의 발견 사용 설명서

각 단계의 제목

새 교육과정의
교과서 진도와 맞추었어요.
학교에서 배운 것을 바로 복습하며
문제를 풀어봐요. 하루에 두 쪽씩
진도에 맞춰 문제를 풀다 보면
나도 연산왕!

개념연결

구체적인 문제와 문제의 연결로 이루어져 있어요.
실수가 잦거나 헷갈리는 문제가 있다면
전 단계의 개념을 완전히 이해 못한 것이에요.
자기주도적으로 복습 혹은 예습을 할 수 있게 도와줍니다.

배운 것을 기억해 볼까요?

이전에 학습한 내용을 알고 있는지
확인해보는 선수 학습이에요.
개념연결과 짝을 이뤄 학습 결손이
생기지 않도록 만든 장치랍니다.
배웠다고 넘어가지 말고 어떻게 현 단계와
연결되는지 생각하면서 문제를 풀어보세요.

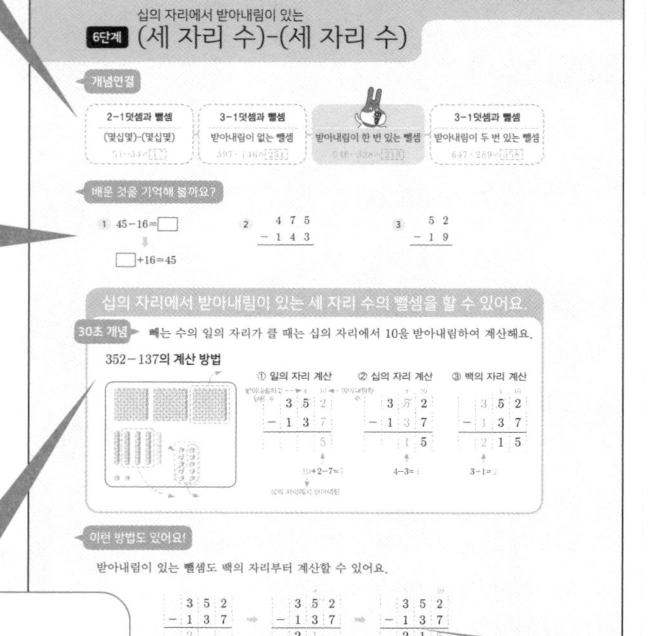

30초 개념

교과서에 나와 있는 개념 설명을 핵심만 추려
정리했어요. 해당 내용의 주제나 정리를
제목으로 크게 넣었어요. 제목만 큰 소리로 읽어봐도
개념을 이해하는 데 도움이 될 거예요.
그 아래에는 자세한 개념 설명과 풀이 방법을 넣었어요.

월 / 일 / ☆☆☆☆☆

수학은 주어진 문제를 이해하고 차근히 해결해나가는 것이
중요해요. 그래서 시간제한이 없는 대신
본인의 성취를 별☆로 표시하도록 했어요.
80% 이상 문제를 맞혔을 경우 다음 페이지로(별 4~5개),
그 이하인 경우 개념 설명을 다시 읽어보도록 해요.
완전히 이해가 되면 속도는 자연히 따라붙어요.

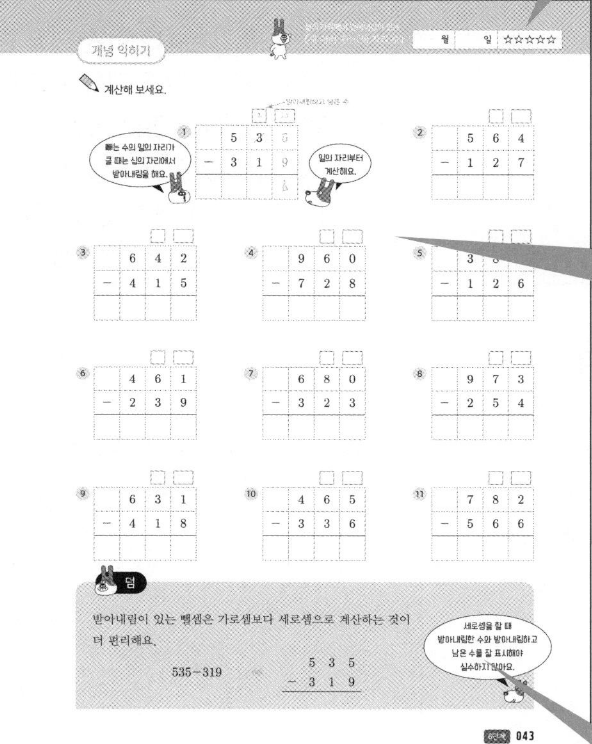

개념 익히기

월 일 ☆☆☆☆☆

계산해 보세요.

1. 535 − 319

2. 564 − 127
3. 642 − 415
4. 960 − 728
5. 3 − 126
6. 461 − 239
7. 680 − 323
8. 973 − 254
9. 631 − 418
10. 465 − 336
11. 782 − 566

덤

받아내림이 있는 뺄셈은 가로셈보다 세로셈으로 계산하는 것이 더 편리해요.

535−319 ⇒ 535 − 319 (세로셈)

6단계 043

개념 익히기

30초 개념에서 다루었던 개념이
그대로 적용된 필수 문제예요.
똑개의 친절한 설명을 따라
문제를 풀다 보면 연산의 기본자세를
잡을 수 있어요.

덤

선생님들의 꿀팁이에요.
교육 현장에서 학생들이
자주 실수하거나
헷갈리는 문제에 대해
짤막하게 설명해줘요.

이런 방법도 있어요!

문제를 푸는 방법이 하나만 있는 건 아니에요.
수학은 공식으로만 푸는 것이 아닌,
생각하는 학문이랍니다. 선생님들이 좀 더 쉽게
개념을 이해할 수 있는 방법이나 다르게
생각할 수 있는 방법들을 제시했어요.

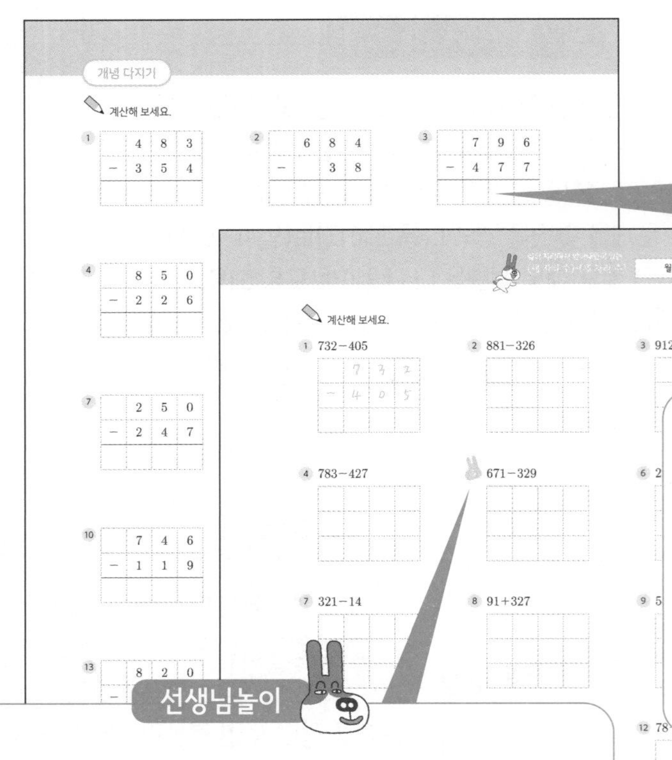
개념 다지기

계산해 보세요.

1. 483 − 354
2. 684 − 38
3. 796 − 477
4. 850 − 226
7. 250 − 247
10. 746 − 119
13. 820

계산해 보세요.

1. 732−405
2. 881−326
3. 912−60
4. 783−427
5. 671−329
7. 321−14
8. 91+327
12. 78
15. 864−258

개념 다지기

개념 익히기보다 약간 난이도가 높은
실전 문제들이에요. 특히 개념을 완벽하게
이해하도록 도와주는, 손으로 직접 쓰는
필산 문제가 들어 있어요. 필산을 하면
계산 경로가 기록되기 때문에 실수가 줄고
논리적 사고력이 길러져요.

돌발 문제

똑같은 유형의 문제가 반복되면
생각하지 않고 문제를 풀게 되지요. 하지만
문제 중간에 엉뚱한 돌발 문제가 출몰한다면
생각의 끈을 놓을 수 없을 거예요.
덤으로, 어떤 문제를 맞닥뜨려도 풀어낼 수 있는
힘을 얻게 된답니다.

선생님놀이

답이 맞았다고 해도 풀이 과정을 말로
설명하지 못하면 개념을 이해하지 못한 거예요.
부모님이나 친구에게 설명을 해보세요.
그리고 답지에 나와 있는 모범 해설과 대조해보면
내가 이 문제를 얼마만큼 이해했는지 알 수 있을 거예요.

개념 키우기

일상에서 벌어지는 다양한 상황이
서술형 문제로 나옵니다. 새 교육과정에서
문장제의 비중이 높아지고 있습니다.
문장제는 생활 속에서 일어나는 상황을
수학적으로 이해하고 식으로 써서
답을 내는 과정이 중요한 문제로,
수학적으로 생각하는 힘을 키워줘요.

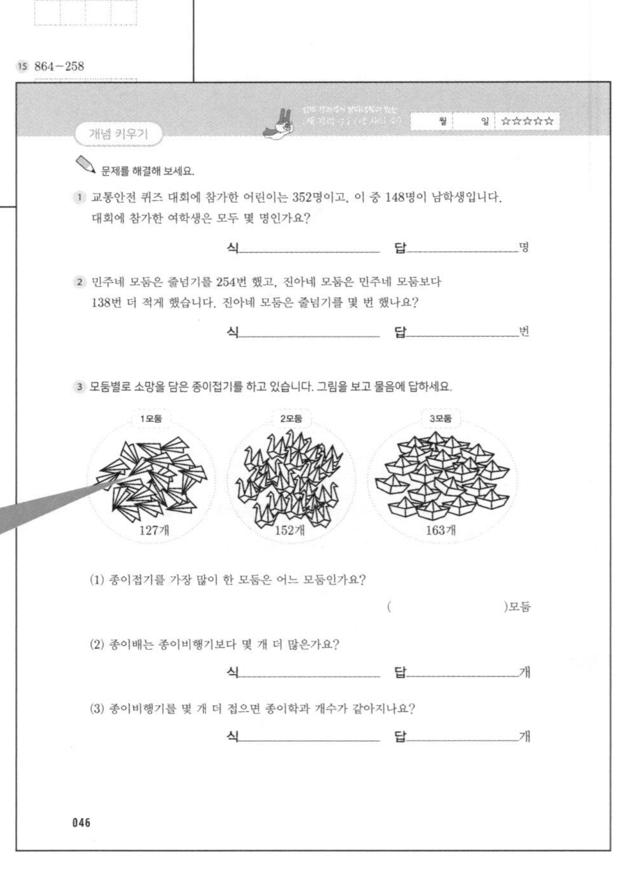
개념 키우기

월 일 ☆☆☆☆☆

문제를 해결해 보세요.

1. 교통안전 퀴즈 대회에 참가한 어린이는 352명이고, 이 중 148명이 남학생입니다. 대회에 참가한 여학생은 모두 몇 명인가요?

식 ________ 답 ________명

2. 민주네 모둠은 줄넘기를 254번 했고, 진아네 모둠은 민주네 모둠보다 138번 더 적게 했습니다. 진아네 모둠은 줄넘기를 몇 번 했나요?

식 ________ 답 ________번

3. 모둠별로 소망을 담은 종이접기를 하고 있습니다. 그림을 보고 물음에 답하세요.

(1) 종이접기를 가장 많이 한 모둠은 어느 모둠인가요?

( )모둠

(2) 종이배는 종이비행기보다 몇 개 더 많은가요?

식 ________ 답 ________개

(3) 종이비행기를 몇 개 더 접으면 종이학과 개수가 같아지나요?

식 ________ 답 ________개

046

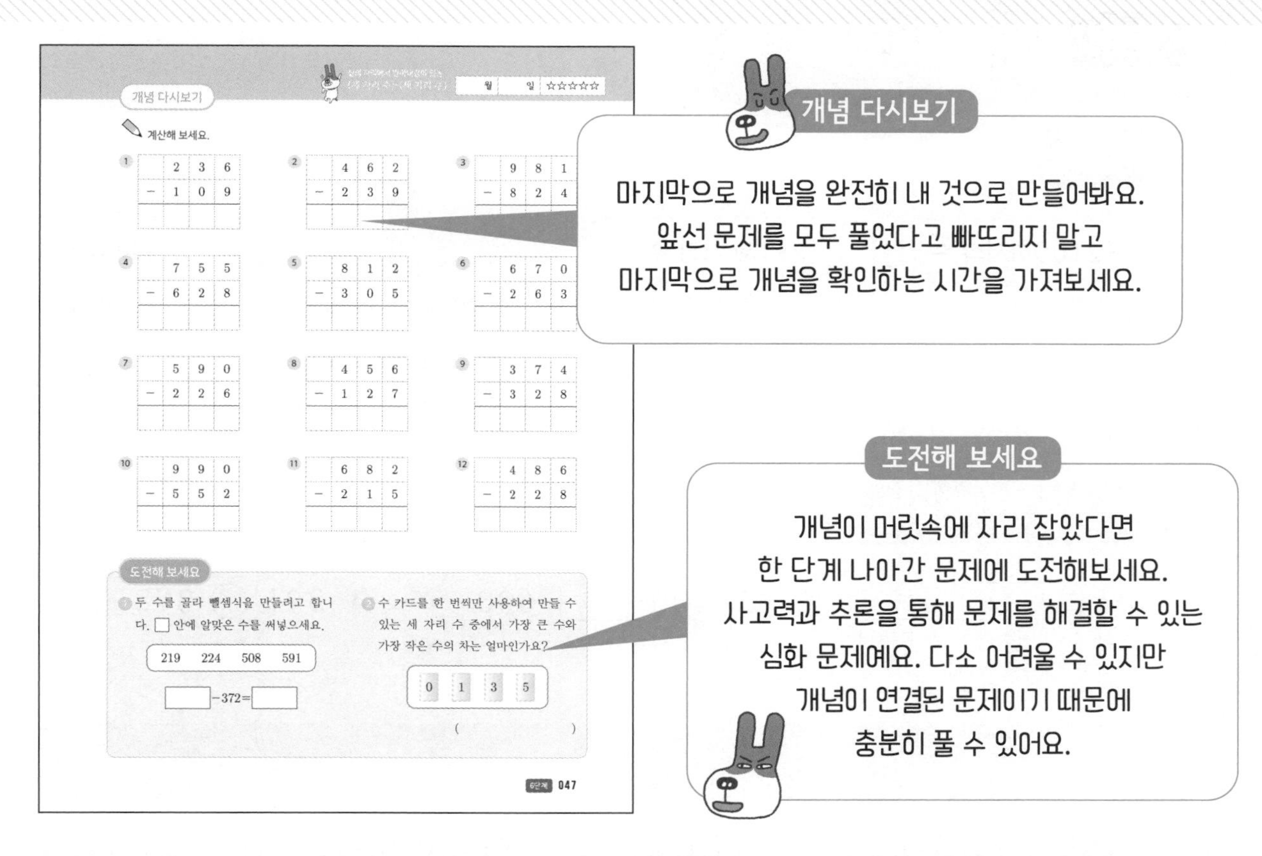

개념 다시보기

마지막으로 개념을 완전히 내 것으로 만들어봐요.
앞선 문제를 모두 풀었다고 빠뜨리지 말고
마지막으로 개념을 확인하는 시간을 가져보세요.

도전해 보세요

개념이 머릿속에 자리 잡았다면
한 단계 나아간 문제에 도전해보세요.
사고력과 추론을 통해 문제를 해결할 수 있는
심화 문제예요. 다소 어려울 수 있지만
개념이 연결된 문제이기 때문에
충분히 풀 수 있어요.

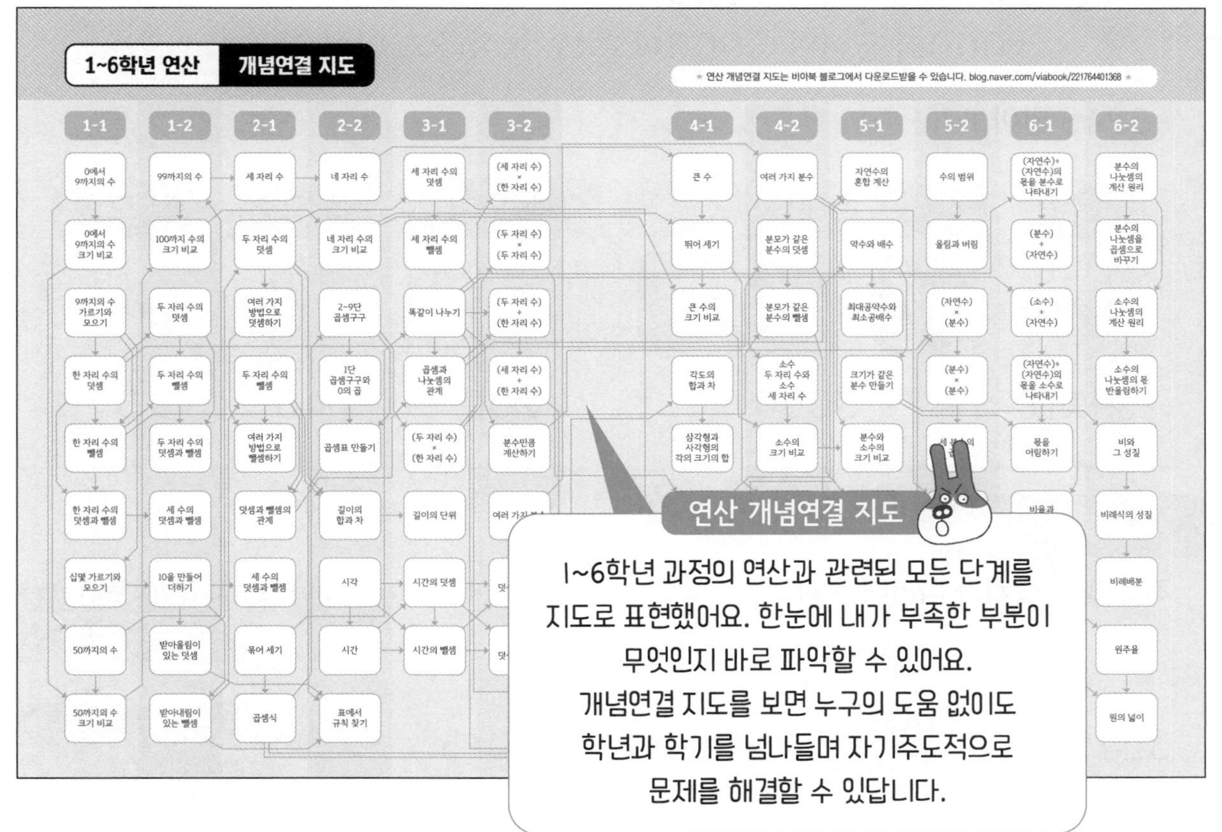

연산 개념연결 지도

1~6학년 과정의 연산과 관련된 모든 단계를
지도로 표현했어요. 한눈에 내가 부족한 부분이
무엇인지 바로 파악할 수 있어요.
개념연결 지도를 보면 누구의 도움 없이도
학년과 학기를 넘나들며 자기주도적으로
문제를 해결할 수 있답니다.

1단계 네 자리 수 1

개념연결

1-2 100까지의 수	2-1 세 자리 수		2-2 네 자리 수
뛰어 세기	크기 비교	네 자리 수와 자릿값	크기 비교
38-40-42	450 < 452		2639 < 2674

배운 것을 기억해 볼까요?

1 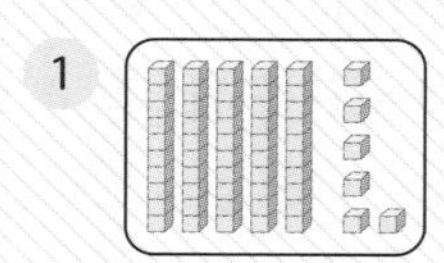 ☐

2 400-☐-600

3 391 ◯ 378

네 자리 수를 알 수 있어요.

30초 개념 100이 10이면 1000이고 '천'이라고 읽어요.
1000이 5이면 5000이고 '오천'이라고 읽어요.

3245 **알아보기**

수	천 모형	백 모형	십 모형	일 모형
3245				
자릿값	3000	200	40	5

이런 방법도 있어요!

각 자리의 숫자가 나타내는 값

3245는
- 1000이 3
- 100이 2
- 10이 4
- 1이 5

➡ 3000+200+40+5

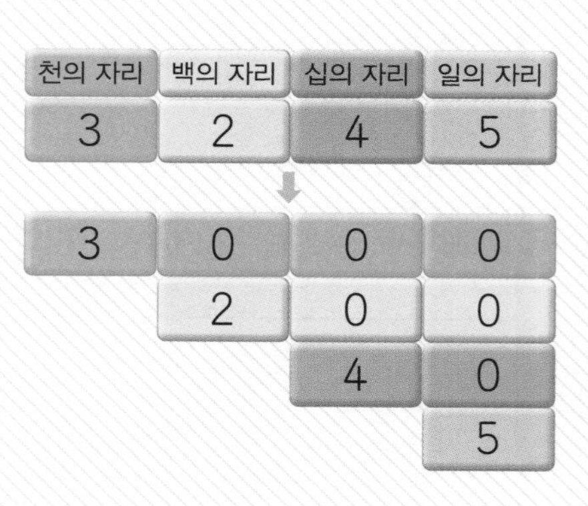

개념 익히기

수를 쓰고 읽어 보세요.

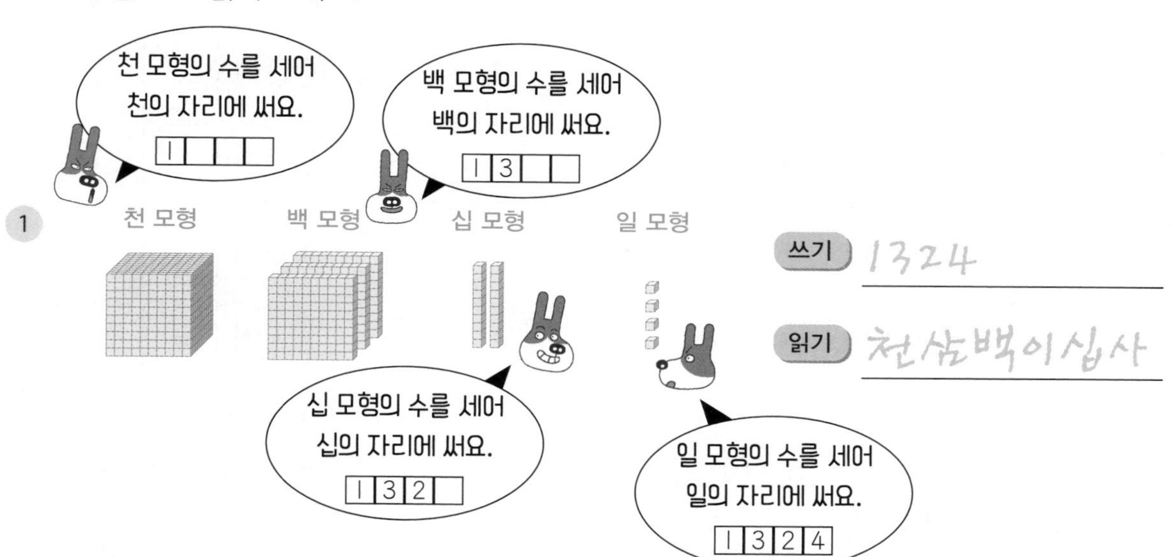

1

쓰기 1324

읽기 천삼백이십사

2

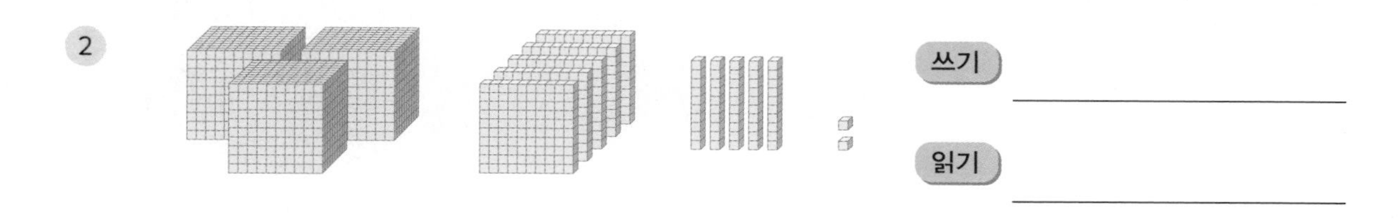

쓰기 ______

읽기 ______

3

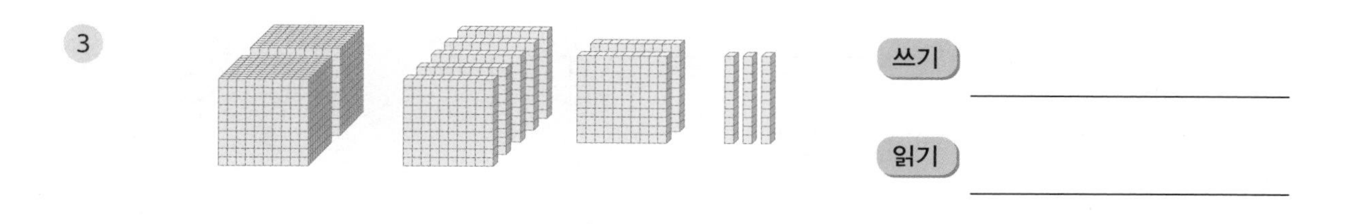

쓰기 ______

읽기 ______

4

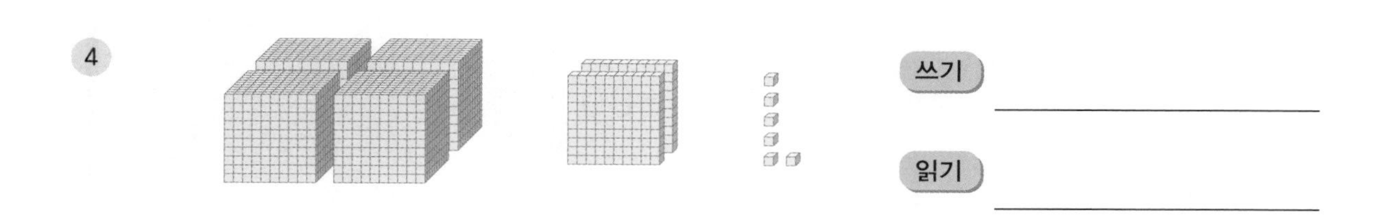

쓰기 ______

읽기 ______

개념 다지기

□ 안에 알맞은 수를 써넣으세요.

1

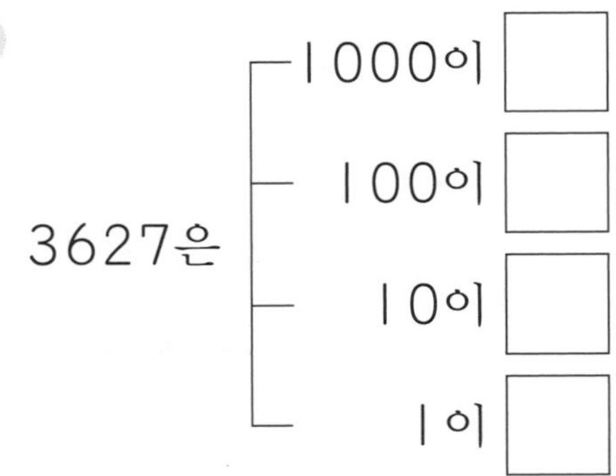

2

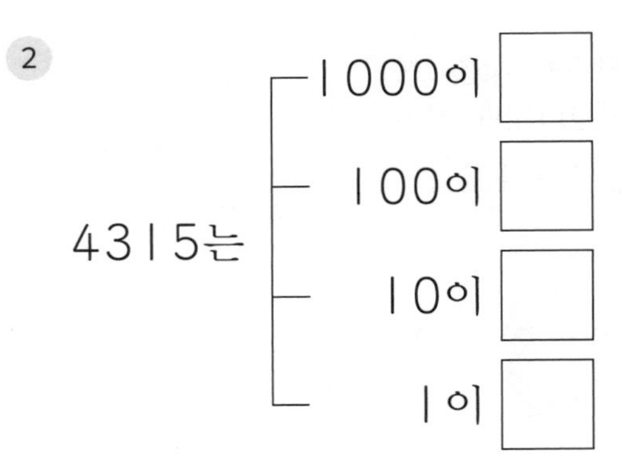

3

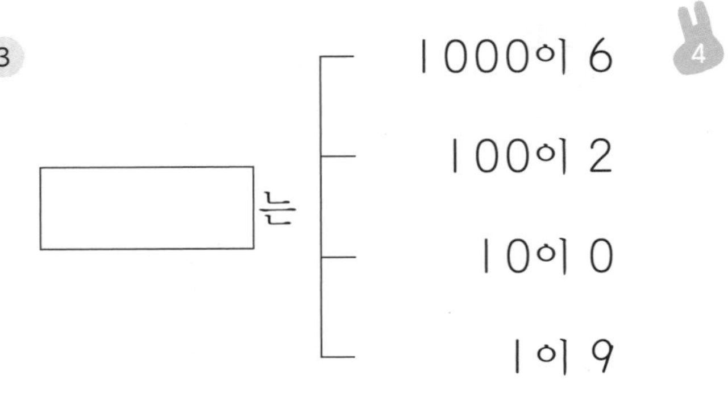

4

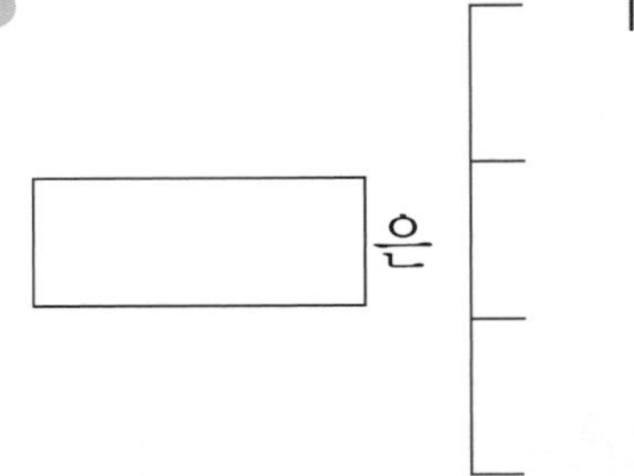

5 7261은 1000이 □, 100이 □, 10이 □, 1이 □입니다.

6 1318은 1000이 □, 100이 □, 10이 □, 1이 □입니다.

7 6429=□+□+□+□

8 8574=□+□+□+□

보기 와 같이 수를 나타내어 보세요.

보기 2<u>6</u>43 ➡ 600

9 <u>6</u>315 ➡ ____________

10 17<u>6</u>2 ➡ ____________

 수를 세어 몇인지 써 보세요.

1
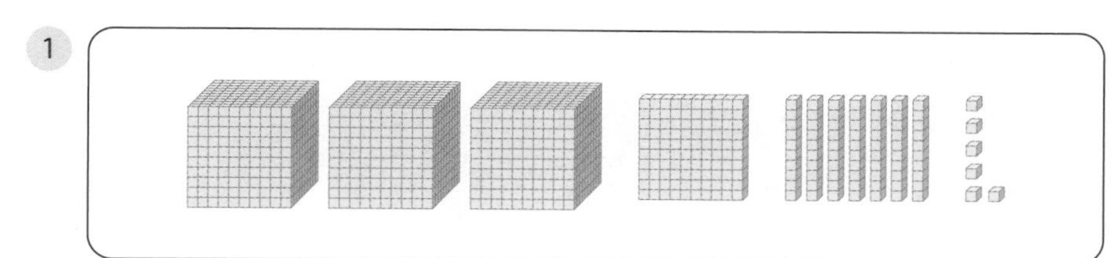
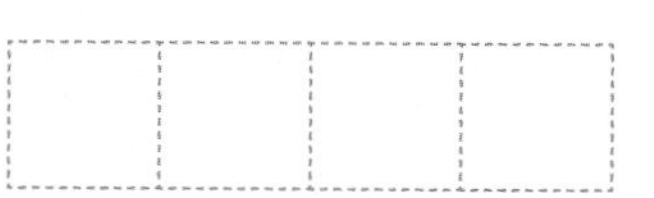

2
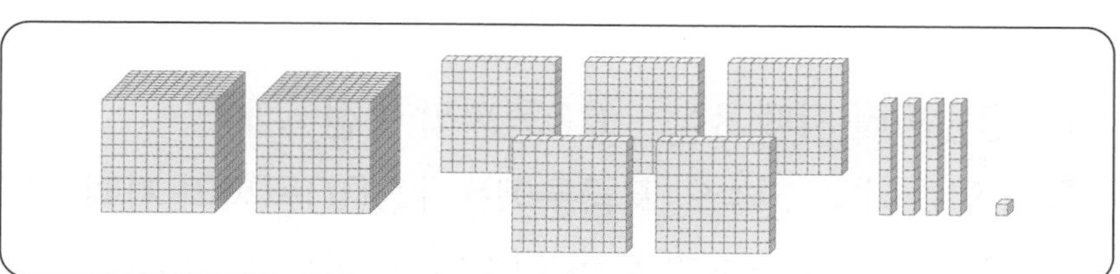

3
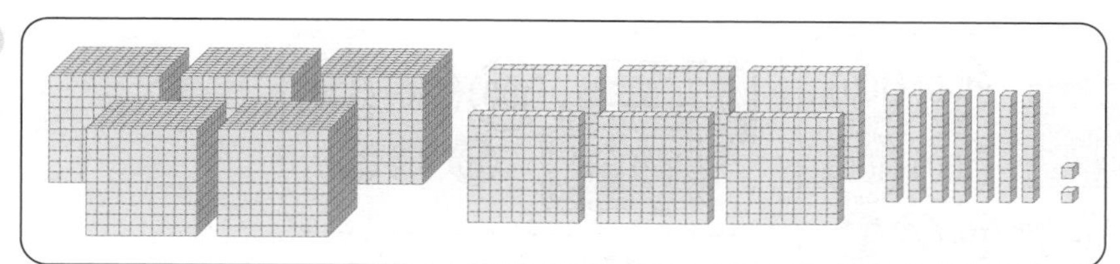

4

5
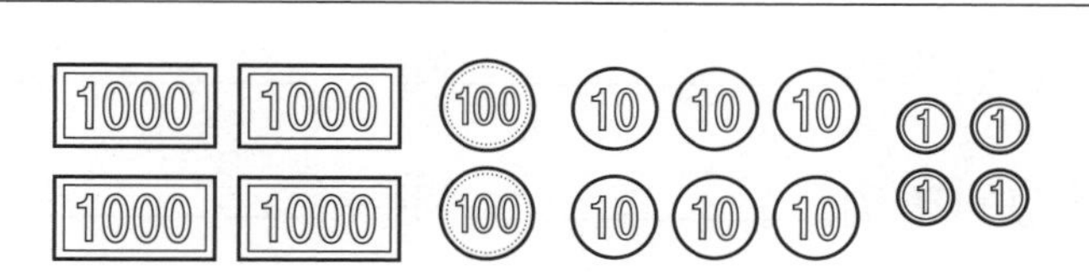

6
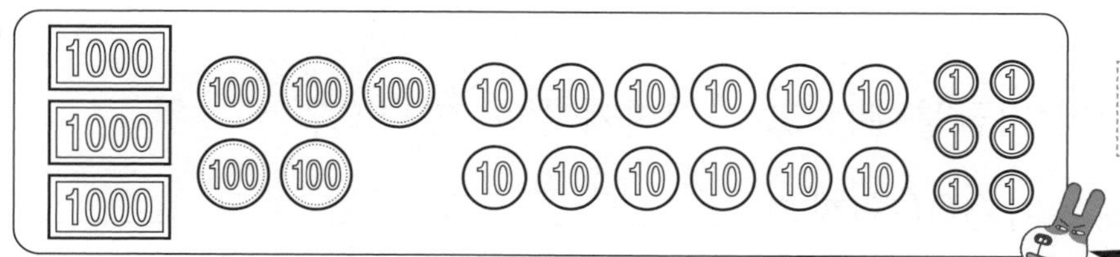

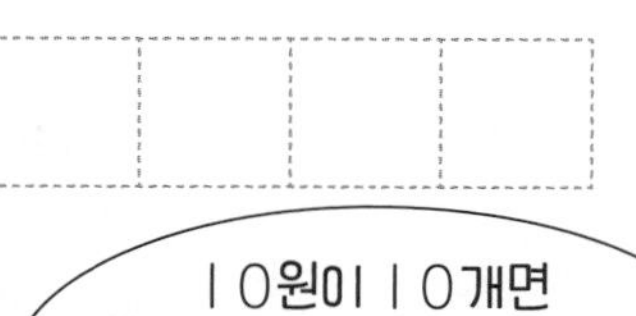

7

문제를 해결해 보세요.

1 지우개가 한 상자에 100개씩 들어 있습니다.
7상자에는 지우개가 몇 개 들어 있나요?

( )개

2 희선이의 저금통에는 1000원짜리 지폐 3장, 100원짜리 동전 4개, 10원짜리 동전 6개가 들어 있습니다. 찬수의 저금통에는 1000원짜리 지폐 4장, 100원짜리 동전 3개, 10원짜리 동전 3개가 들어 있습니다. 물음에 답하세요.

(1) 희선이의 저금통에는 모두 얼마가 들어 있나요?

1000원짜리 ______장 ➡ ______원

100원짜리 ______개 ➡ ______원

10원짜리 ______개 ➡ ______원

( )원

(2) 희선이와 찬수의 저금통에는 모두 얼마가 들어 있나요?

1000원짜리 ______장 ➡ ______원

100원짜리 ______개 ➡ ______원

10원짜리 ______개 ➡ ______원

( )원

개념 다시보기

빈 곳에 알맞은 수나 말을 써 보세요.

1

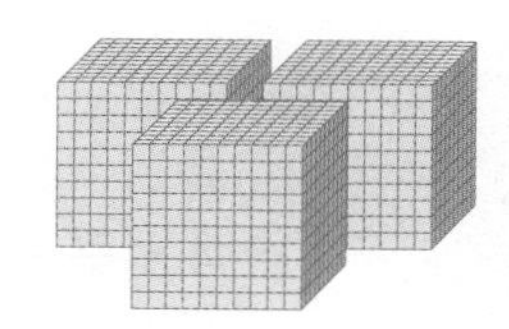
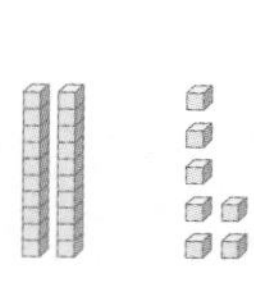

쓰기 ____________

읽기 ____________

2

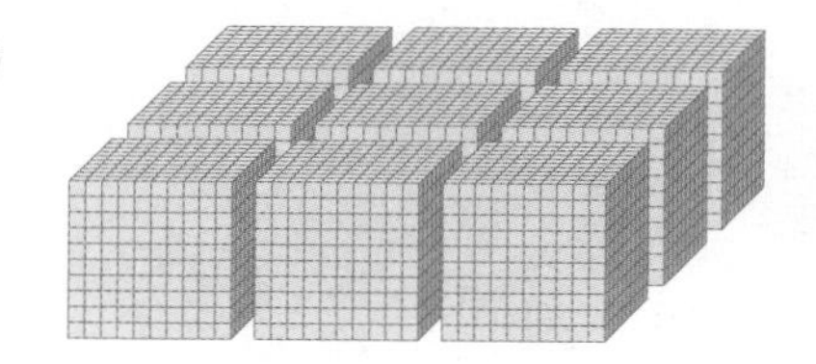

쓰기 ____________

읽기 ____________

3

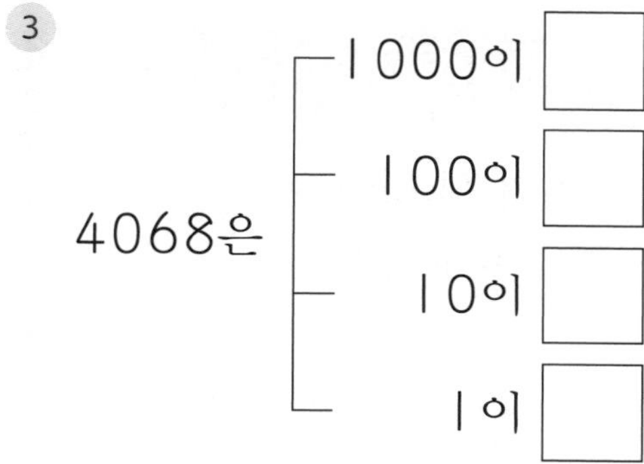

4

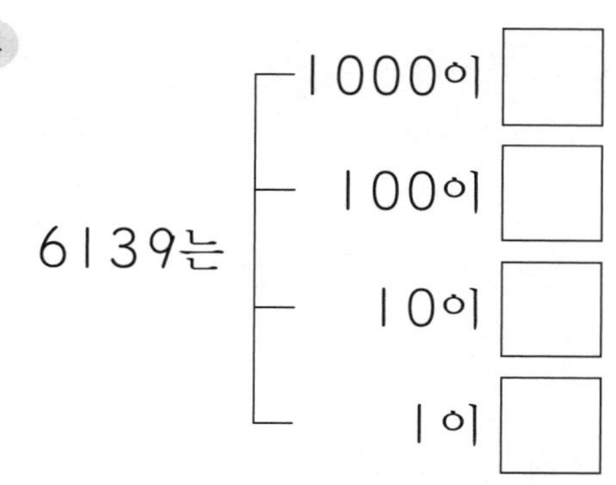

도전해 보세요

1 수 카드 4장을 한 번씩만 사용하여 네 자리 수를 만들려고 합니다. 백의 자리 숫자가 3인 가장 큰 네 자리 수를 써 보세요.

4	5	3	9

(　　　　　　　　)

2 두 수의 크기를 비교하여 ○ 안에 >, <를 알맞게 써넣으세요.

2639 ○ 2674

2단계 네 자리 수 2

개념연결

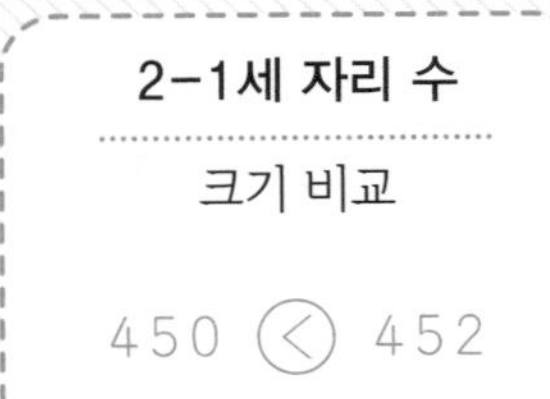

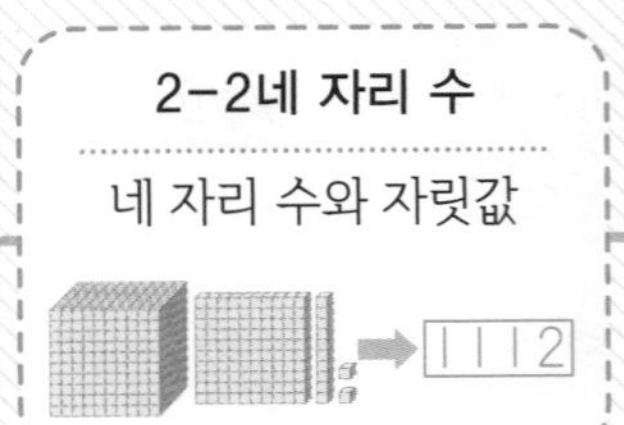

배운 것을 기억해 볼까요?

1. 210 - 230 - ☐ - 270 - ☐ - ☐ ➡ ☐씩 뛰어 세기

2. 386 ◯ 521

3. 432 ◯ 462

뛰어 세기와 두 수의 크기 비교를 할 수 있어요.

30초 개념 천의 자리 숫자가 1씩 커지면 1000씩 뛰어서 센 것이에요.
네 자리 수의 크기 비교는 천의 자리 숫자부터 비교해요.

뛰어 세기

1000씩 뛰어 세기

1000 - 2000 - 3000 - 4000 - 5000 천의 자리 숫자가 1씩 커져요.

100씩 뛰어 세기

5100 - 5200 - 5300 - 5400 - 5500 백의 자리 숫자가 1씩 커져요.

네 자리 수의 크기 비교

네 자리 수의 크기를 비교할 때는 천의 자리, 백의 자리, 십의 자리, 일의 자리의 순서로 비교해요.

	천의 자리	백의 자리	십의 자리	일의 자리
2639 ➡	2	6	3	9
2674 ➡	2	6	7	4

→ 3<7

2639<2674

2674는 2639보다 큽니다.
2639는 2674보다 작습니다.

빈 곳에 알맞은 수나 말을 써 보세요.

1 | 2000 | 3000 | | | → | | 씩 뛰어 세기

천의 자리 숫자가 1씩 커져요.

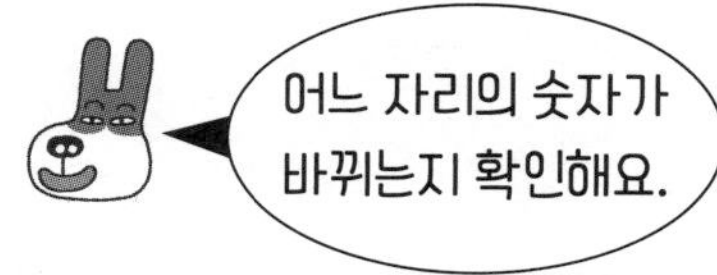

2 | 5300 | | 5500 | | → | | 씩 뛰어 세기

3 | 6710 | 6720 | | | → | | 씩 뛰어 세기

4

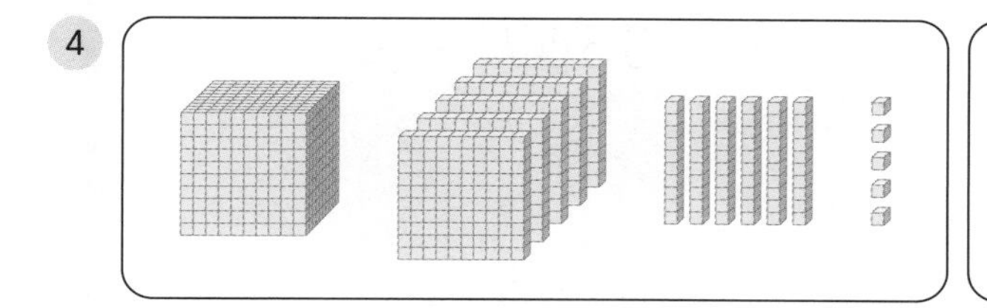

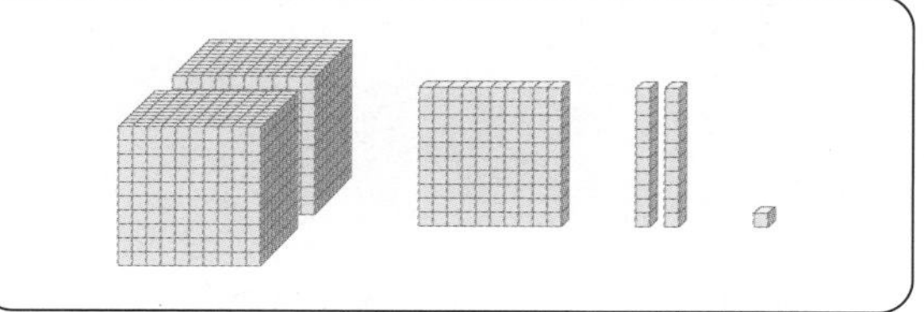

- [ ]은 [ ]보다 큽니다.
- [ ]는 [ ]보다 작습니다.

5

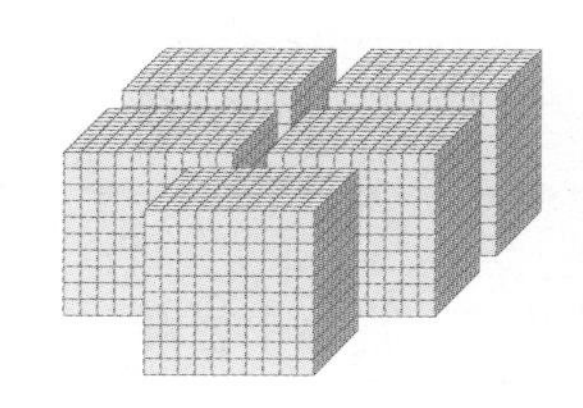

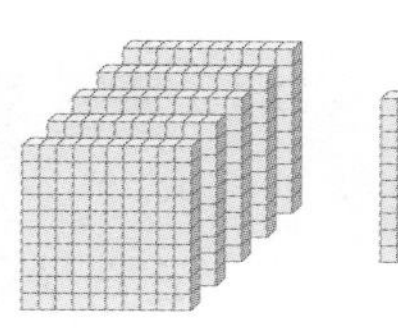

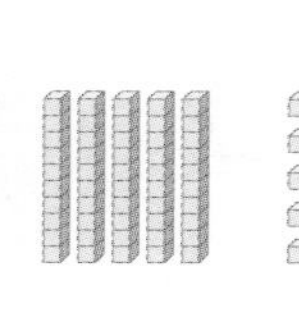

쓰기 ______________

읽기 ______________

개념 다지기

 빈 곳에 알맞은 수를 써넣으세요.

1
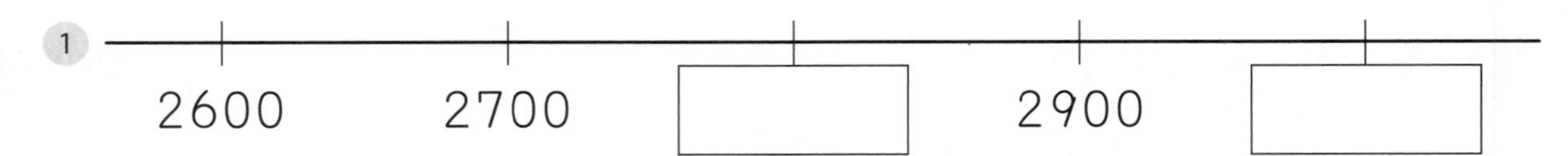

2
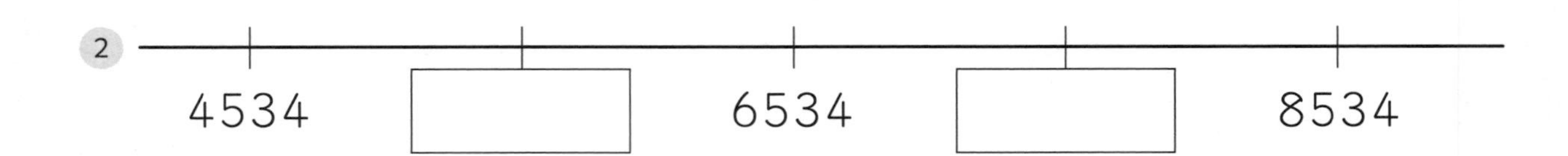

3
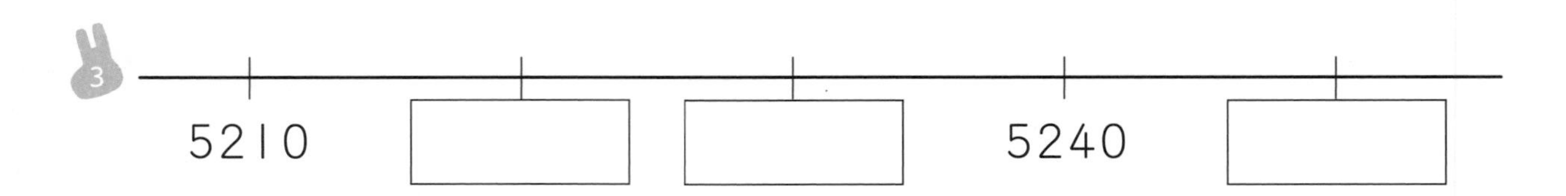

4
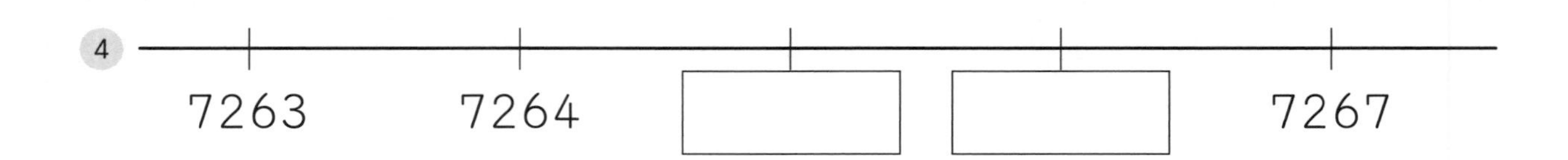

5

6

 빈칸에 알맞은 수를 써넣고 두 수의 크기를 비교해 보세요.

7 8
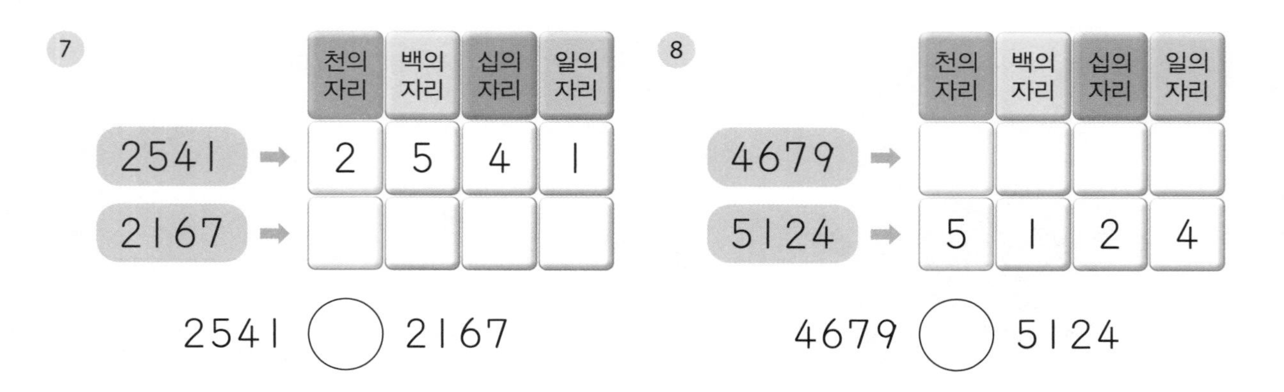

빈칸에 알맞은 수를 써넣으세요.

1

3300	3400		3600	
4300		4500	4600	
5300		5500		5700
6300				6700
7300	7400		7600	

더 큰 수에 ◯표 하세요.

2 | 4652 | 2378 |

3 | 5249 | 5942 |

4 | 3467 | 3476 |

5 | 5836 | 6012 |

가장 작은 수부터 순서대로 써 보세요.

6 | 4076 4356 2904 |

(　　　　,　　　　,　　　　)

7 | 5197 2596 3584 |

(　　　　,　　　　,　　　　)

8 | 4735 5312 5229 |

(　　　　,　　　　,　　　　)

9 | 7542 6074 6095 |

(　　　　,　　　　,　　　　)

개념 키우기

문제를 해결해 보세요.

1 가장 작은 수부터 순서대로 써 보세요.

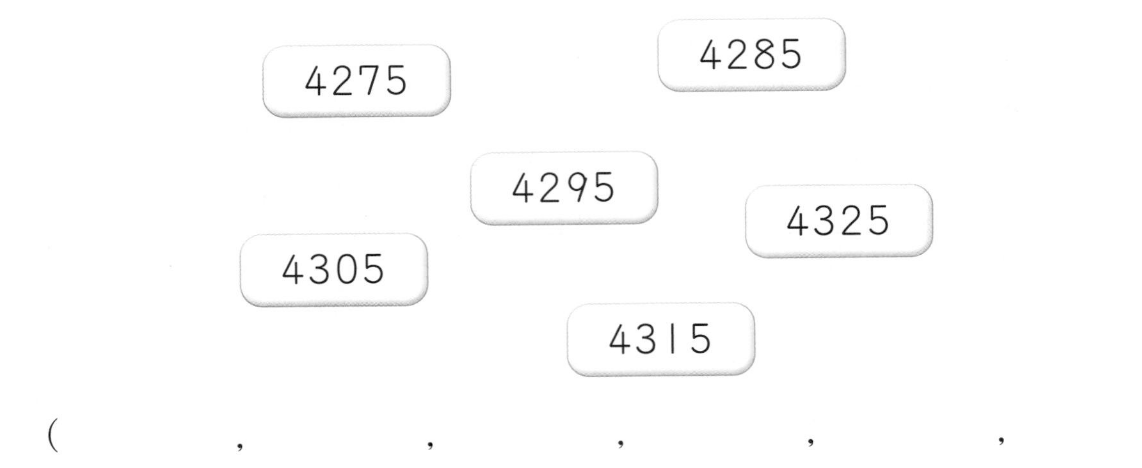

(, , , , ,)

2 서윤이와 혜린이가 돼지 저금통에 얼마를 모았는지 알아보았습니다. 물음에 답하세요.

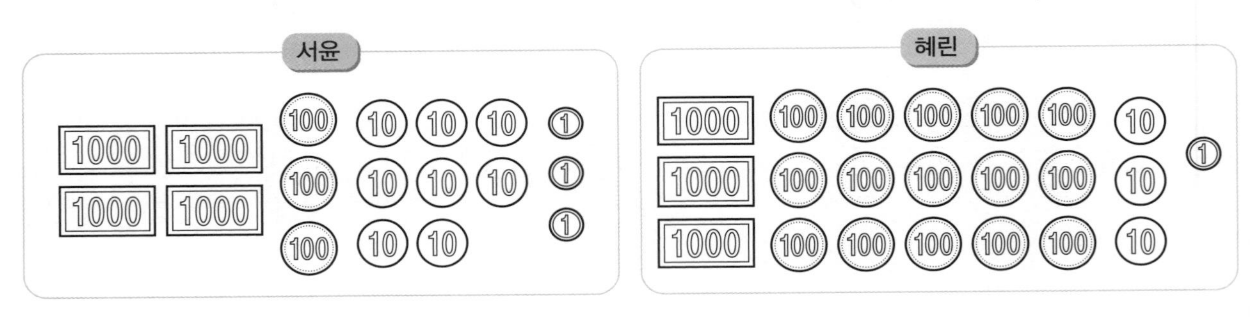

(1) 서윤이는 얼마를 모았나요?

식 ____________ 답 ________ 원

(2) 혜린이는 얼마를 모았나요?

식 ____________ 답 ________ 원

(3) 누가 더 많이 모았나요?

( )

개념 다시보기

빈칸에 알맞은 수를 써넣으세요.

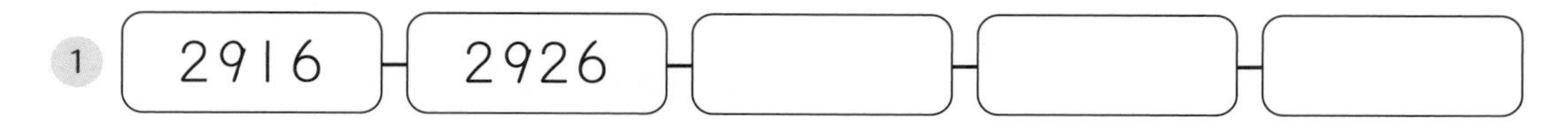

1. 2916 – 2926 – ☐ – ☐ – ☐

2. 1912 – ☐ – 3912 – ☐ – 5912

3. 4374 – ☐ – 4376 – 4377 – ☐

4. ☐ – 4523 – 4623 – ☐ – ☐

알맞은 말에 ◯표 하세요.

5. 2451은 4215보다 (큽니다, 작습니다).

6. 6385는 6199보다 (큽니다, 작습니다).

7. 4370은 4368보다 (큽니다, 작습니다).

8. 9527은 9601보다 (큽니다, 작습니다).

도전해 보세요

1. 수 카드 4장을 한 번씩만 사용하여 가장 큰 네 자리 수와 가장 작은 네 자리 수를 각각 만들어 보세요.

가장 큰 수( )

가장 작은 수( )

2. ☐ 안에 들어갈 수 있는 수를 모두 구해 보세요.

5☐69 > 5576

( )

3단계 곱셈구구-2단

개념연결

2-1곱셈	2-1곱셈		2-2곱셈구구
몇의 몇 배	곱셈식	2단 곱셈구구	5단 곱셈구구
2의 3배 → 6	2+2+2 → 2×3=6	2×3=6	5×3=15

배운 것을 기억해 볼까요?

1

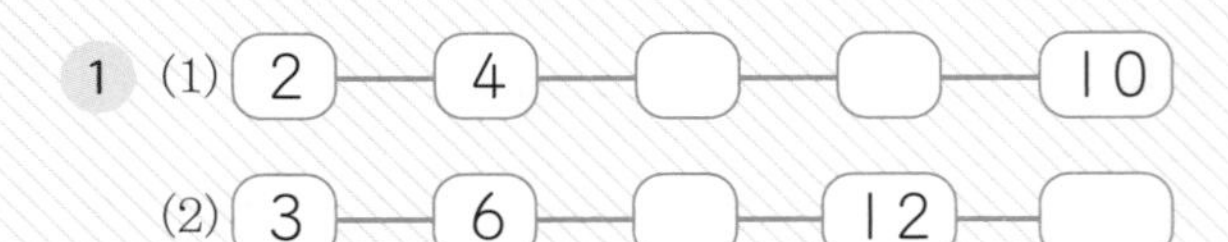

2 (1) 5+5+5=☐ ➡ 5×3=☐

(2) 6+6=☐ ➡ 6×☐=☐

(3) 7+7+7+7=☐ ➡ 7×☐=☐

2단 곱셈구구를 알 수 있어요.

30초 개념 2×1=2, 2×2=4, 2×3=6, …과 같이 2에 1부터 9까지의 수를 각각 곱하여 곱셈식으로 나타낸 것을 2단 곱셈구구라고 해요.

2단 곱셈구구 계산하기

	2×1=2		2×6=12
	2×2=4 +2		2×7=14 +2
	2×3=6 +2		2×8=16 +2
	2×4=8 +2		2×9=18 +2
	2×5=10 +2	2단 곱셈구구는 곱이 2씩 커져요.	

이런 방법도 있어요!

수직선을 이용하여 곱셈구구를 계산할 수 있어요.

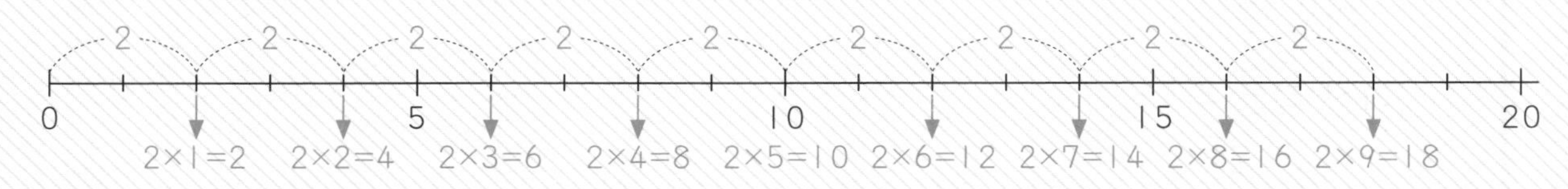

개념 익히기

접시에 놓인 빵의 개수를 덧셈식과 곱셈식으로 구해 보세요.

1	곱셈식 $2\times1=$ [2]
2	덧셈식 2+2=4 곱셈식 $2\times$ [2] $=$ [4]
3	덧셈식 2+2+2=6 곱셈식 $2\times$ [ ] $=$ [ ]
4	덧셈식 곱셈식 $2\times$ [ ] $=$ [ ]
5	덧셈식 곱셈식 $2\times$ [ ] $=$ [ ]
6	덧셈식 곱셈식 $2\times$ [ ] $=$ [ ]
7	덧셈식 곱셈식 $2\times$ [ ] $=$ [ ]
8	덧셈식 곱셈식 $2\times$ [ ] $=$ [ ]
9	덧셈식 곱셈식 $2\times$ [ ] $=$ [ ]

개념 다지기

 그림을 보고 □ 안에 알맞은 수를 써넣으세요.

1 

$2 \times 2 = 4$

2 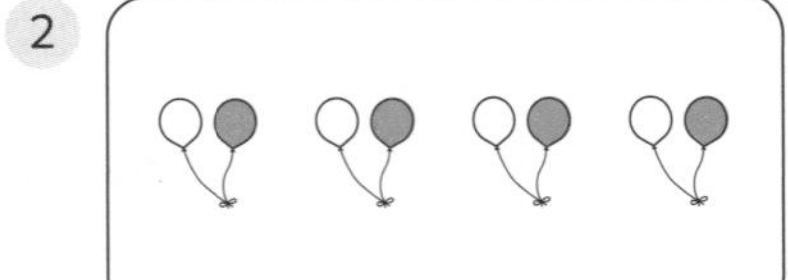

$2 \times \square = \square$

3 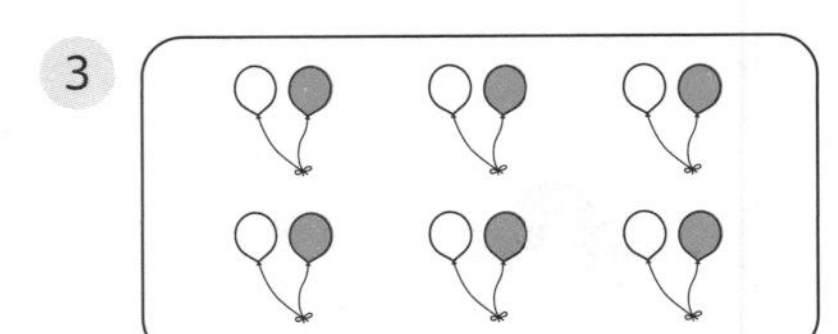

$2 \times \square = \square$

4 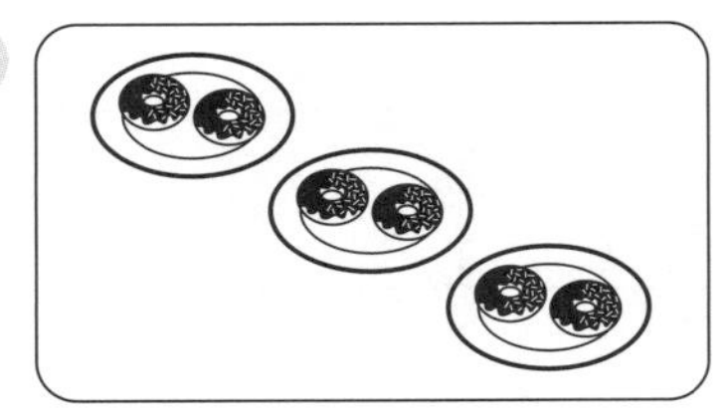

$2 \times \square = \square$

5 

$2 \times \square = \square$

6 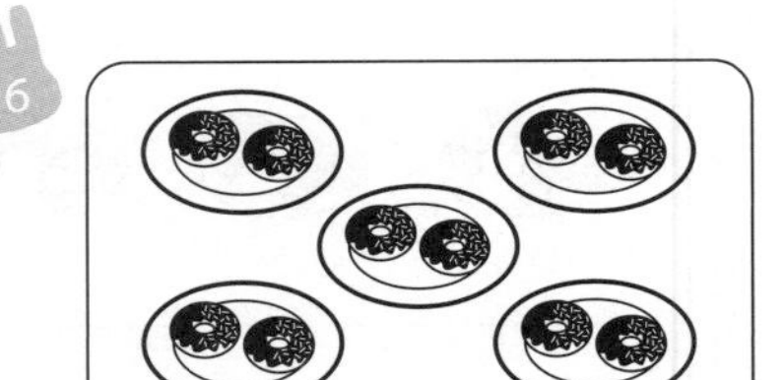

$2 \times \square = \square$

7 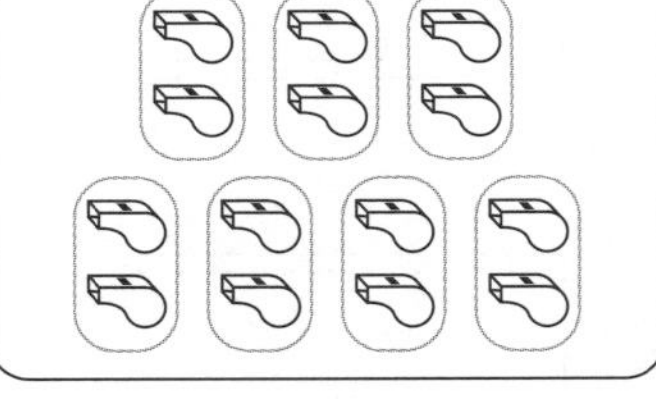

$2 \times \square = \square$

8

$2 \times \square = \square$

9 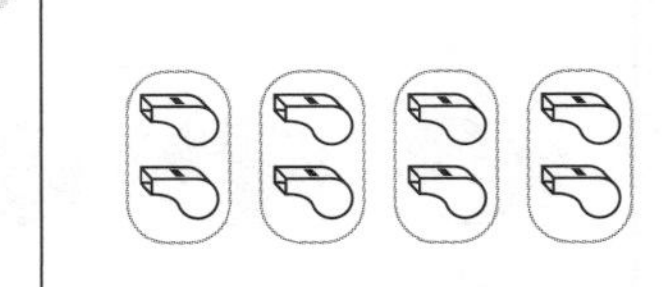

$2 \times \square = \square$

10 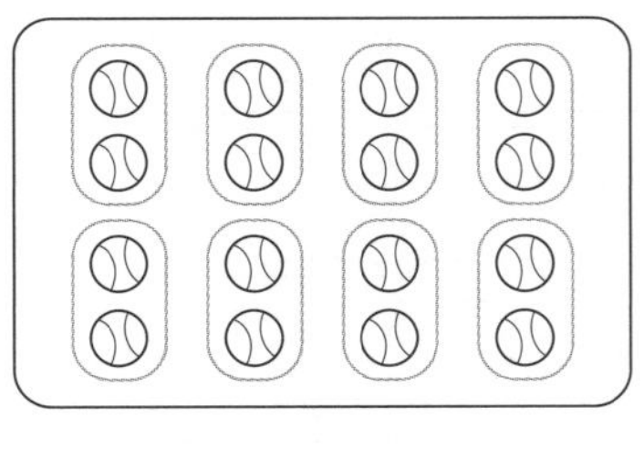

$2 \times \square = \square$

11 

$2 \times \square = \square$

12 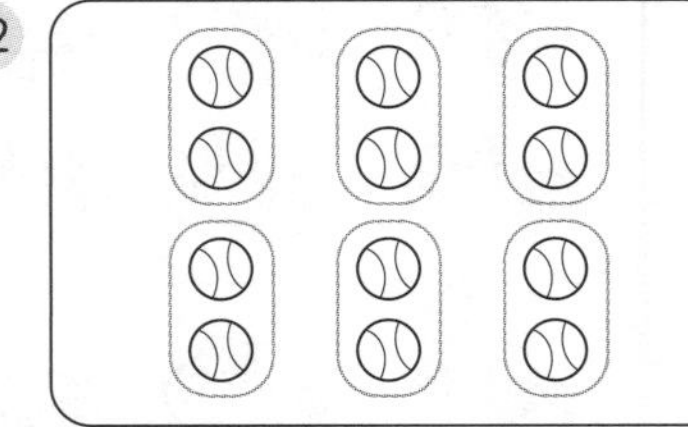

$2 \times \square = \square$

과일의 개수를 2단 곱셈구구로 나타내어 보세요.

1
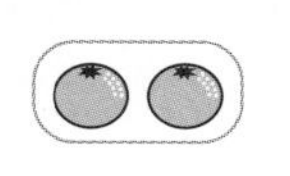

2	×	1	=	2

2
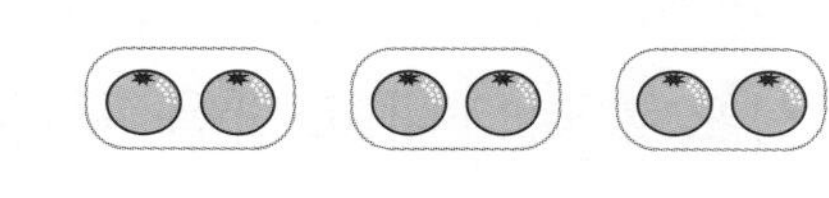

3
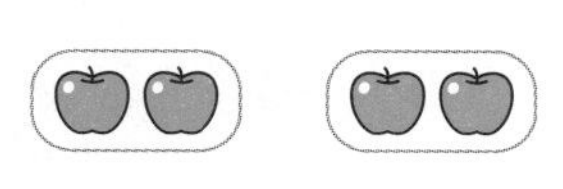

4

5
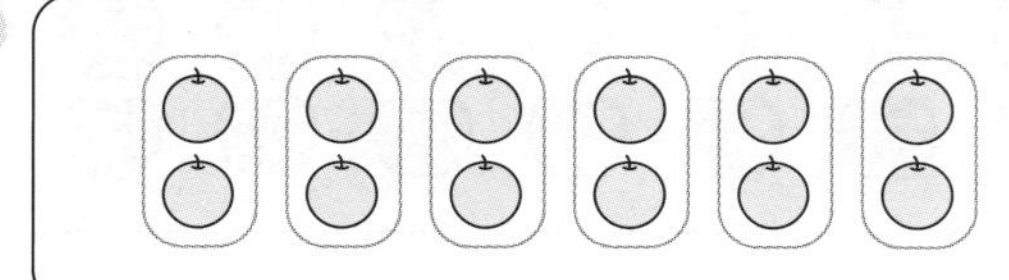

6
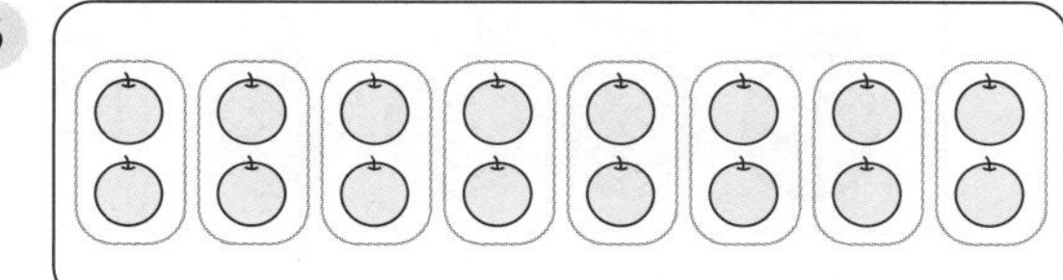

7
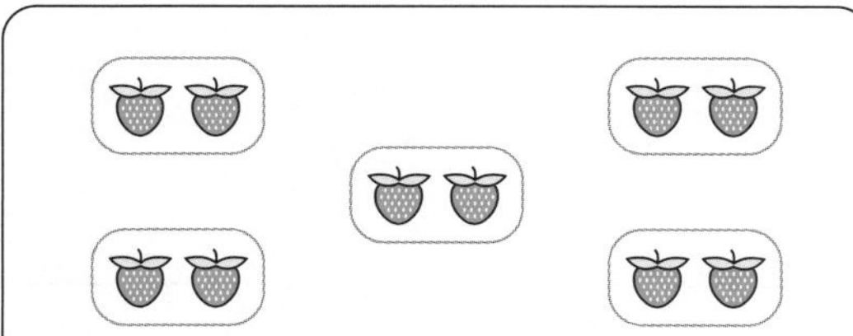

8
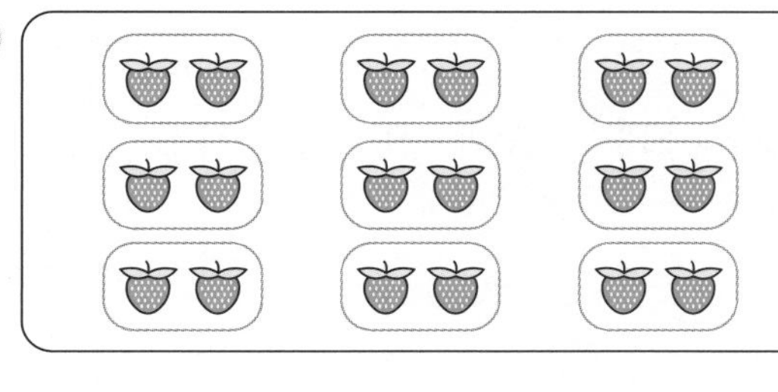

9
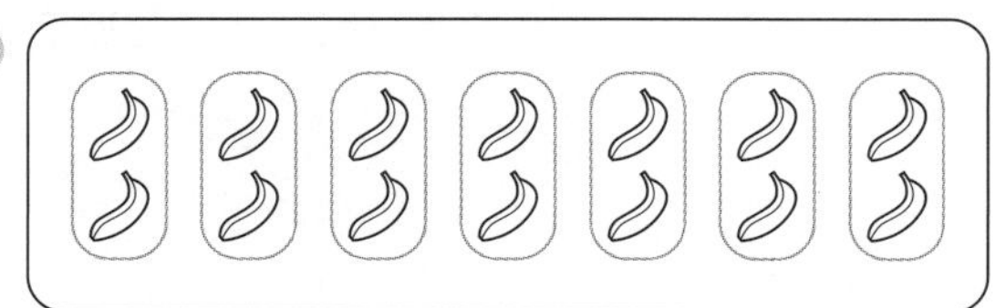

10
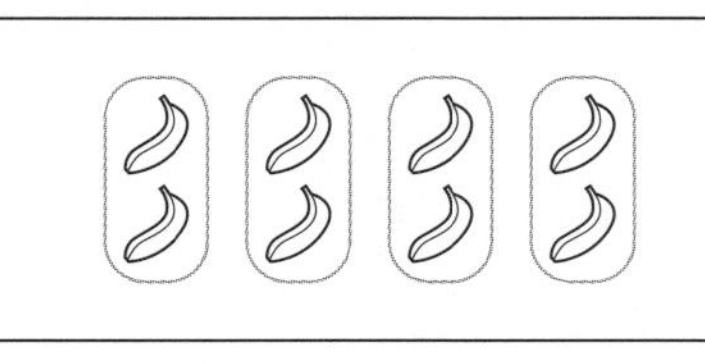

개념 키우기

문제를 해결해 보세요.

1 오리 한 마리의 다리는 2개입니다. 오리 5마리의 다리는 모두 몇 개인가요? 곱셈식으로 나타내고 답을 구해 보세요.

식________________ 답____________개

2 과일 가게에 여러 가지 과일이 다음과 같이 놓여 있습니다. 그림을 보고 물음에 답하세요.

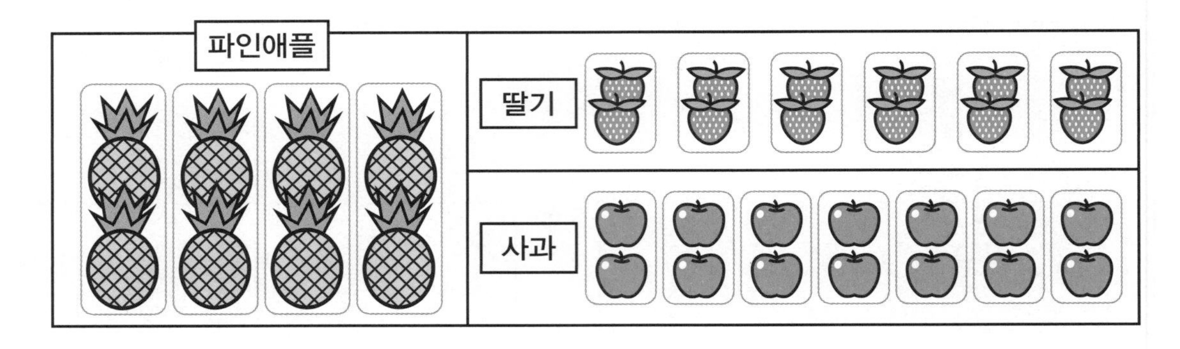

(1) 파인애플은 모두 몇 개인가요?

식________________ 답____________개

(2) 사과는 모두 몇 개인가요?

식________________ 답____________개

(3) 딸기는 모두 몇 개인가요?

식________________ 답____________개

개념 다시보기

그림을 보고 □ 안에 알맞은 수를 써넣으세요.

1

2×□=□

2

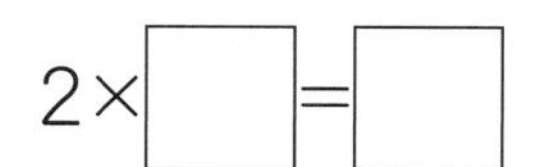
2×□=□

3

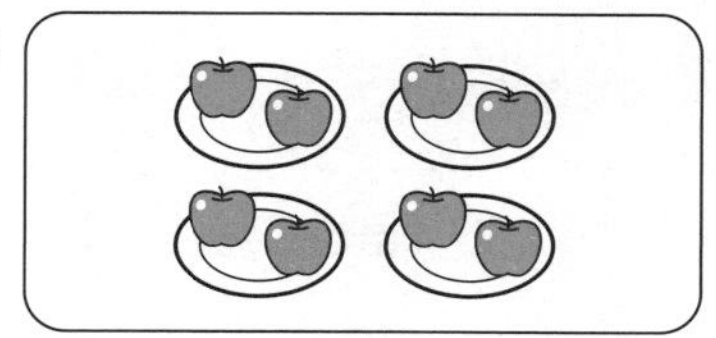

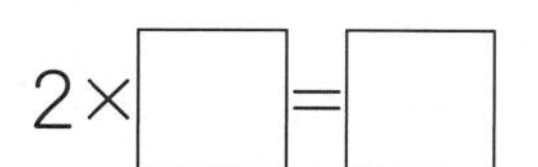
2×□=□

4

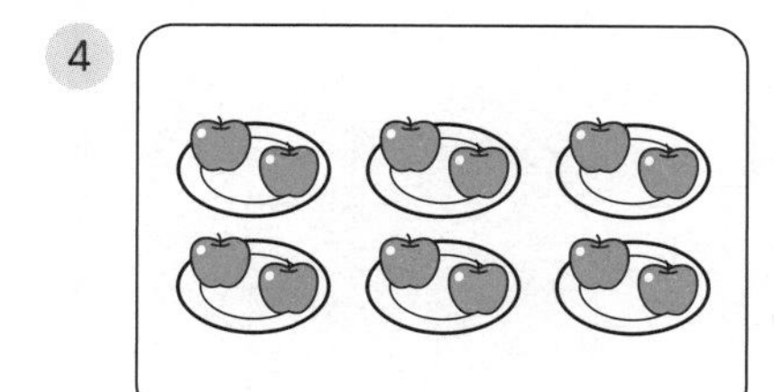

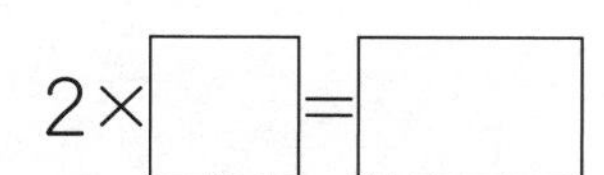
2×□=□

5

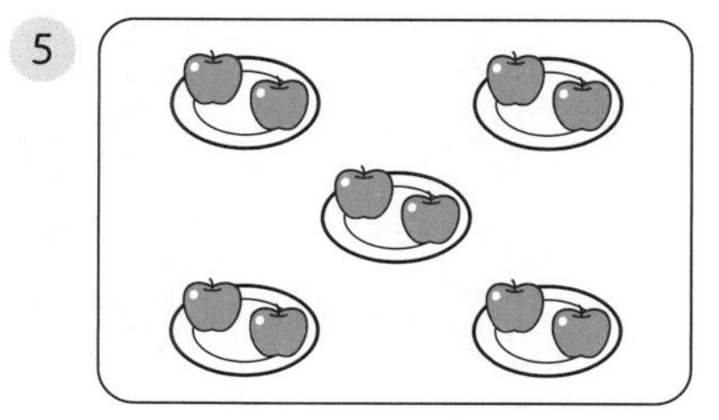

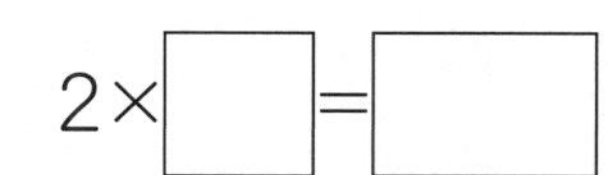
2×□=□

6

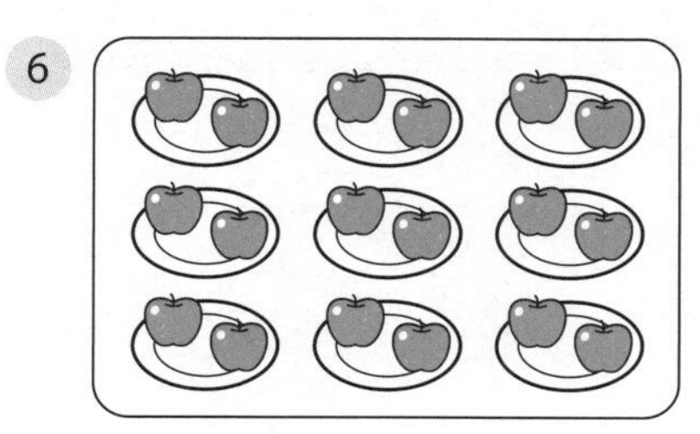

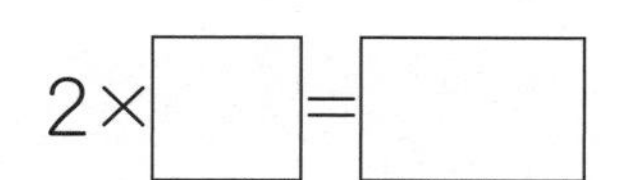
2×□=□

7

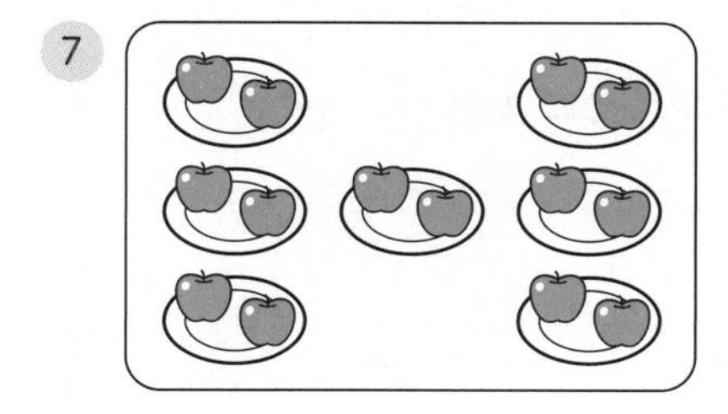

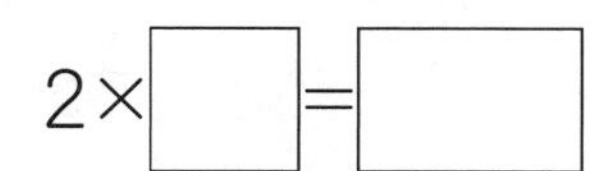
2×□=□

8

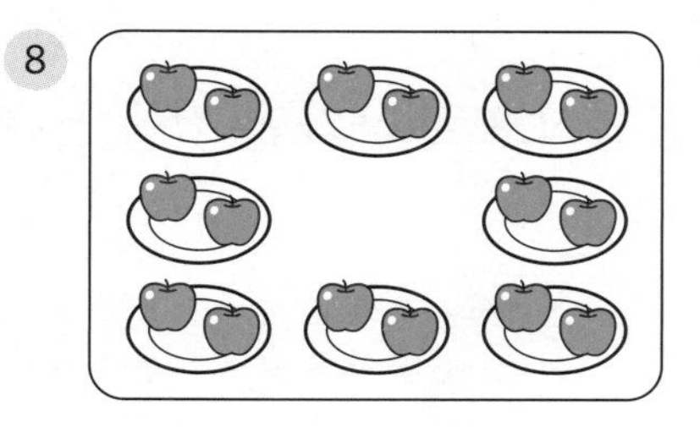

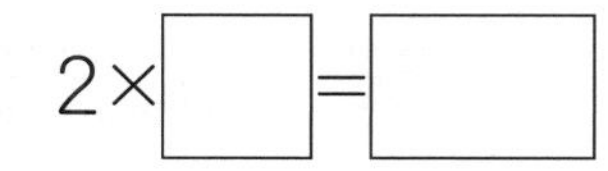
2×□=□

9

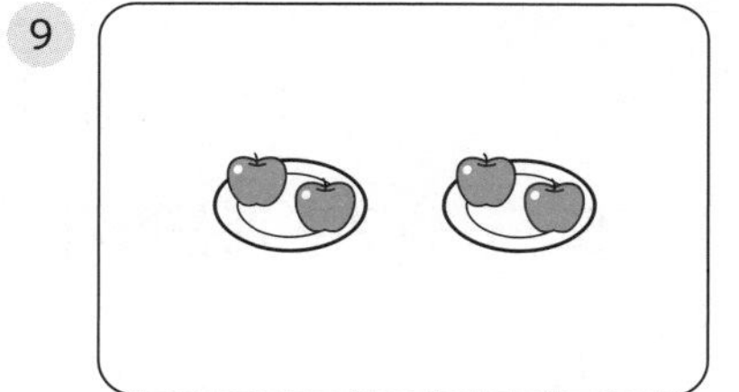

2×□=□

도전해 보세요

1 2단 곱셈구구에 나오는 값을 모두 찾아 ◯표 하세요.

5	4	2	8	7
6	11	13	14	15
10	12	17	16	18

2 계산해 보세요.

(1) 5×3=

(2) 5×7=

4단계 곱셈구구-5단

개념연결

2-1곱셈	2-2곱셈구구		2-2곱셈구구
곱셈식	2단 곱셈구구	5단 곱셈구구	3단 곱셈구구
2+2+2 → 2×3=6	2×3=6	5×3=15	3×6=18

배운 것을 기억해 볼까요?

1 (1) 5 — 10 — ☐ — 20 — ☐

(2) 6 — 12 — ☐ — ☐ — 30

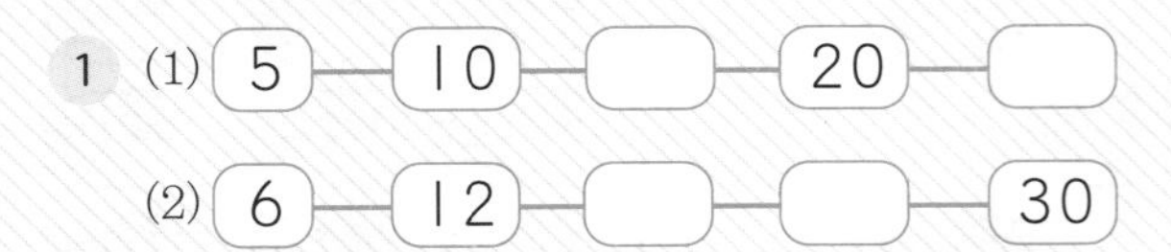

2 (1) 2+2=☐ ➡ 2×2=☐

(2) 3+3+3=☐ ➡ 3×☐=☐

(3) 9+9+9+9=☐ ➡ 9×☐=☐

5단 곱셈구구를 알 수 있어요.

30초 개념 5×1=5, 5×2=10, 5×3=15, …와 같이 5에 1부터 9까지의 수를 각각 곱하여 곱셈식으로 나타낸 것을 5단 곱셈구구라고 해요.

5단 곱셈구구 계산하기

5×1=5	5×6=30
5×2=10 (+5)	5×7=35 (+5)
5×3=15 (+5)	5×8=40 (+5)
5×4=20 (+5)	5×9=45 (+5)
5×5=25 (+5)	5단 곱셈구구는 곱이 5씩 커져요.

이런 방법도 있어요!

수직선을 이용하여 곱셈구구를 계산할 수 있어요.

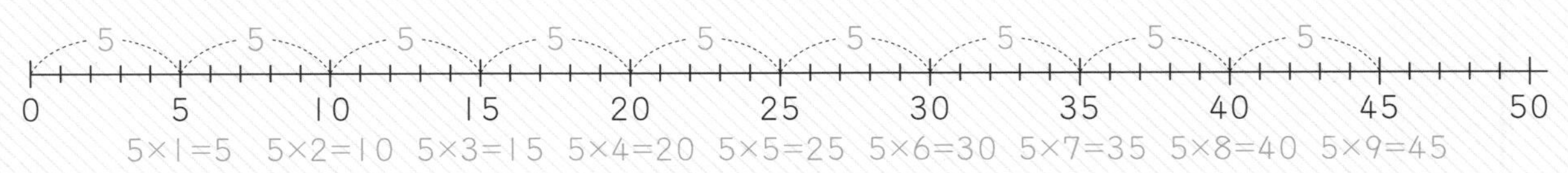

개념 익히기

꽃잎의 개수를 덧셈식과 곱셈식으로 구해 보세요.

1	곱셈식 $5\times1=$ [5]
2	덧셈식 $5+5=10$ 곱셈식 $5\times$ [2] $=$ [10]
3	덧셈식 $5+5+5=15$ 곱셈식 $5\times$ [ ] $=$ [ ]
4	덧셈식 곱셈식 $5\times$ [ ] $=$ [ ]
5	덧셈식 곱셈식 $5\times$ [ ] $=$ [ ]
6	덧셈식 곱셈식 $5\times$ [ ] $=$ [ ]
7	덧셈식 곱셈식 $5\times$ [ ] $=$ [ ]
8	덧셈식 곱셈식 $5\times$ [ ] $=$ [ ]
9	덧셈식 곱셈식 $5\times$ [ ] $=$ [ ]

개념 다지기

 그림을 보고 □ 안에 알맞은 수를 써넣으세요.

1
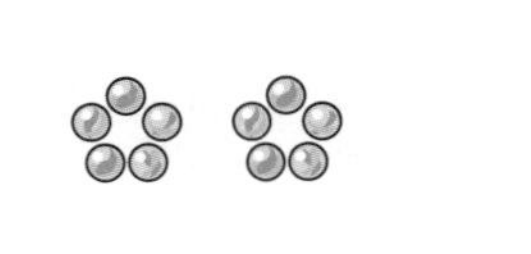

$5 \times 2 = 10$

2
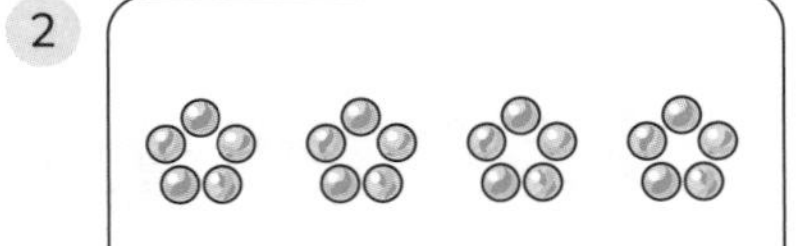

$5 \times \square = \square$

3
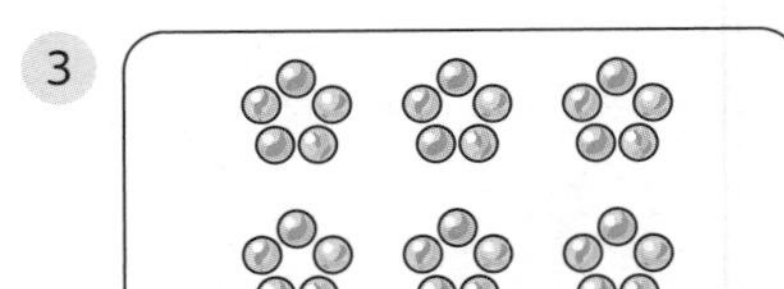

$5 \times \square = \square$

4
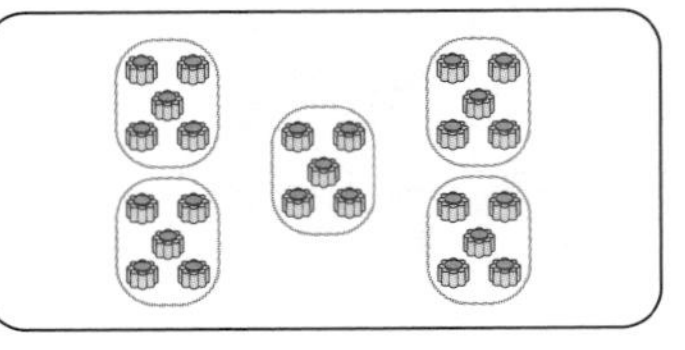

$\square \times 5 = \square$

5
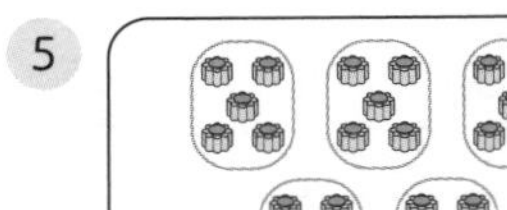

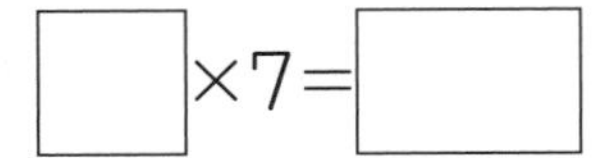

$\square \times 7 = \square$

6

$5 \times \square = \square$

7

$5 \times \square = \square$

8

$\square \times 9 = \square$

9

$\square \times 6 = \square$

10

$5 \times \square = \square$

11
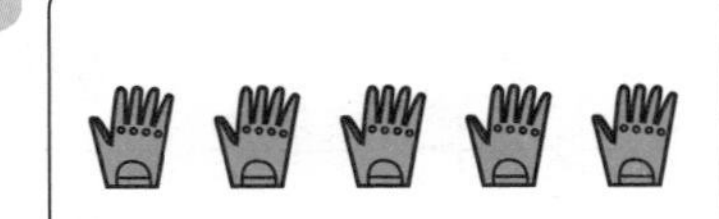

$\square \times 5 = \square$

12
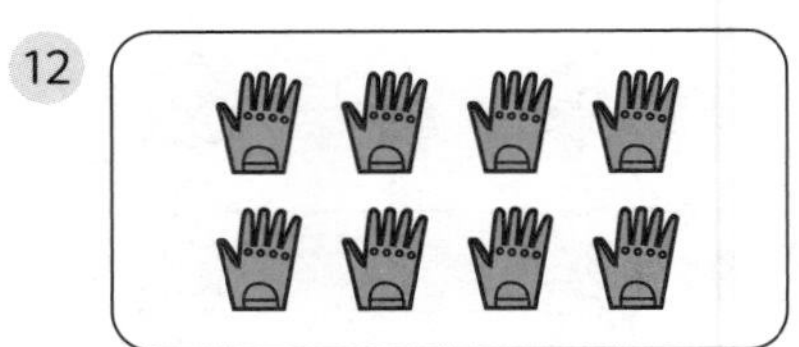

$5 \times \square = \square$

 구슬의 개수를 5단 곱셈구구로 나타내어 보세요.

1

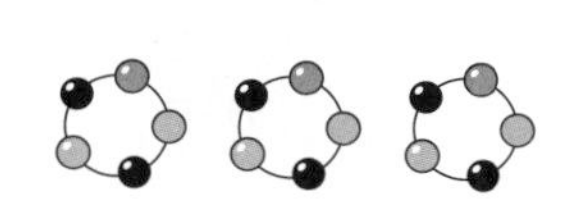

5	×	3	=	1	5

2

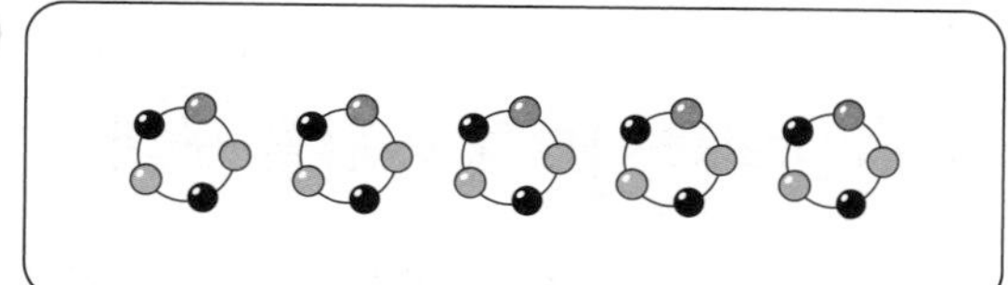

3

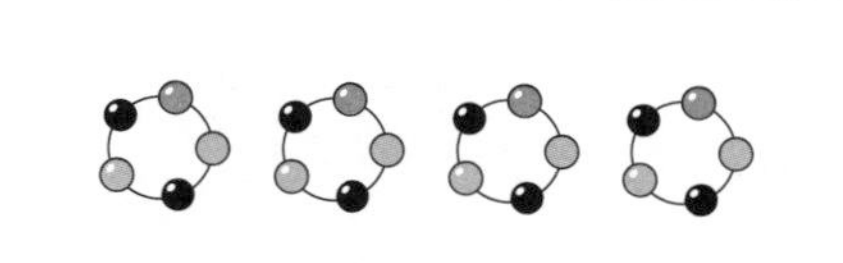

4

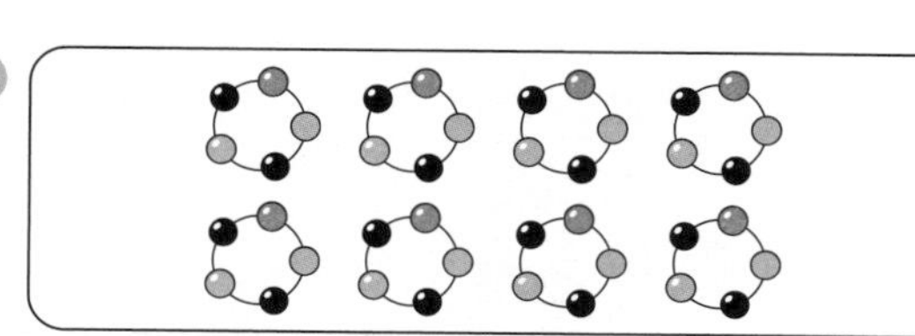

5

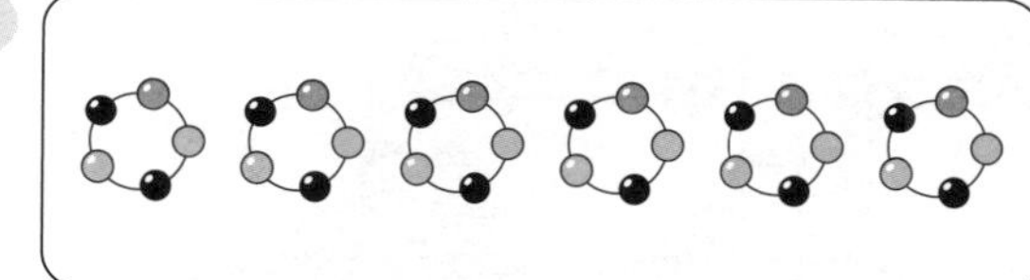

6

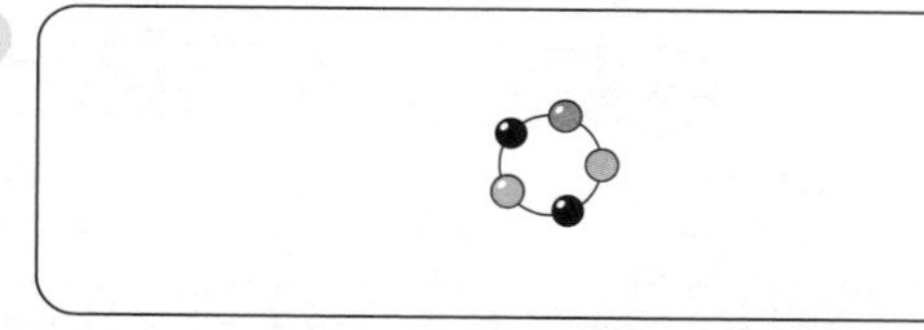

7

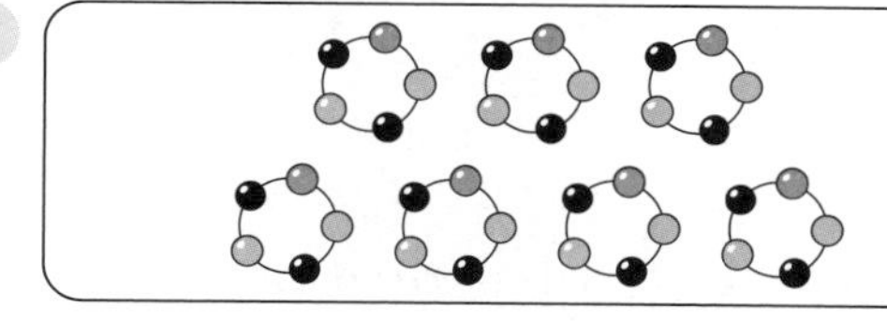

8

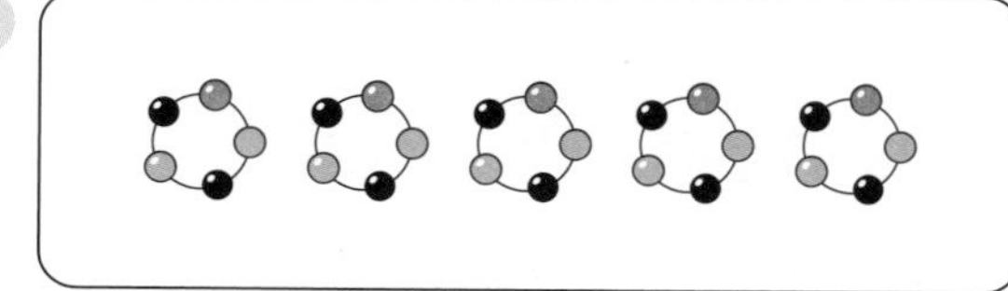

9

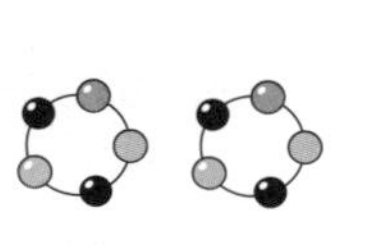

10

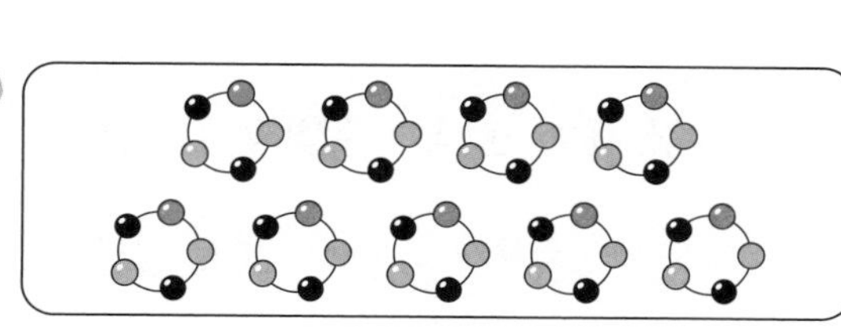

 문제를 해결해 보세요.

1 상자 한 개의 길이는 5 cm입니다. 상자 6개를 이은 길이는 얼마인가요? 곱셈식으로 나타내고 답을 구해 보세요.

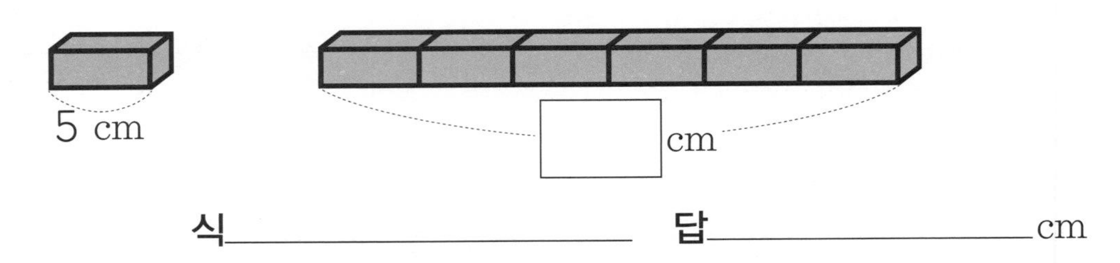

식 ______________ 답 ______________ cm

2 각 자동차에 똑같은 수의 학생들이 타고 있습니다.
자동차는 오른쪽에 있는 것부터 차례로 출발합니다. 물음에 답하세요.

(1) 자동차 한 대가 출발했습니다. 출발한 학생은 몇 명인가요?

식 ______________ 답 ______________ 명

(2) 자동차 4대가 더 출발했습니다. 남은 학생은 모두 몇 명인가요?

식 ______________ 답 ______________ 명

(3) 자동차가 모두 출발했습니다. 출발한 학생은 모두 몇 명인가요?

식 ______________ 답 ______________ 명

개념 다시보기

그림을 보고 □ 안에 알맞은 수를 써넣으세요.

1 

5×□=□

2 

5×□=□

3 

5×□=□

4 

5×□=□

5 

5×□=□

6 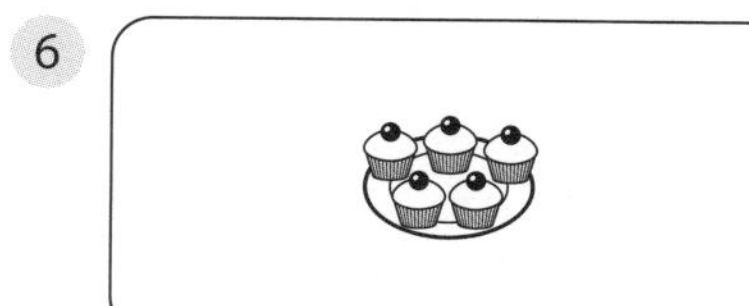

5×□=□

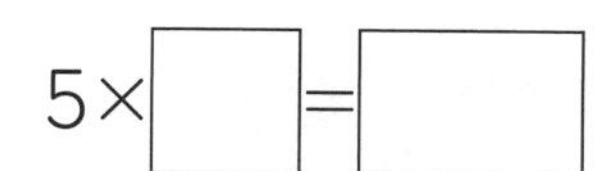

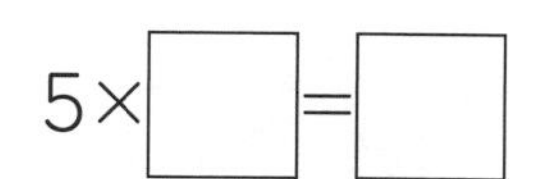

7 

5×□=□

8 

5×□=□

9 

5×□=□

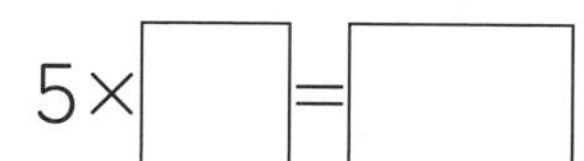

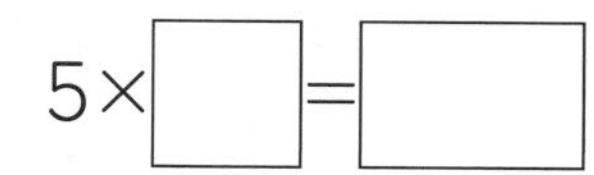

도전해 보세요

1 성냥개비는 모두 몇 개인지 □ 안에 알맞은 수를 써넣으세요.

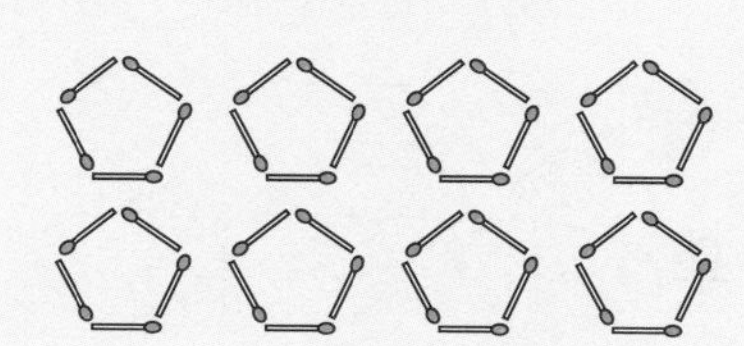

5×□=□(개)

2 계산해 보세요.

(1) 3×4=

(2) 3×6=

5단계 곱셈구구-3단

개념연결

2-1곱셈	2-1곱셈		2-2곱셈구구
몇의 몇 배	곱셈식	3단 곱셈구구	6단 곱셈구구
3의 2배 → 6	3+3+3+3 → 3×4=12	3×2=6	6×4=24

배운 것을 기억해 볼까요?

1 (1) 3 — 6 — ☐ — 12 — ☐

(2) 4 — ☐ — ☐ — 16 — ☐

2 (1) 5+5=☐ ➡ 5×2=☐

(2) 2+2+2=☐ ➡ 2×☐=☐

(3) 3+3+3+3=☐ ➡ 3×☐=☐

3단 곱셈구구를 알 수 있어요.

30초 개념 3×1=3, 3×2=6, 3×3=9, …와 같이 3에 1부터 9까지의 수를 각각 곱하여 곱셈식으로 나타낸 것을 3단 곱셈구구라고 해요.

3단 곱셈구구 계산하기

●	3×1=3	●●●●●●	3×6=18
●●	3×2=6 (+3)	●●●●●●●	3×7=21 (+3)
●●●	3×3=9 (+3)	●●●●●●●●	3×8=24 (+3)
●●●●	3×4=12 (+3)	●●●●●●●●●	3×9=27 (+3)
●●●●●	3×5=15 (+3)	3단 곱셈구구는 곱이 3씩 커져요.	

이런 방법도 있어요!

수직선을 이용하여 곱셈구구를 계산할 수 있어요.

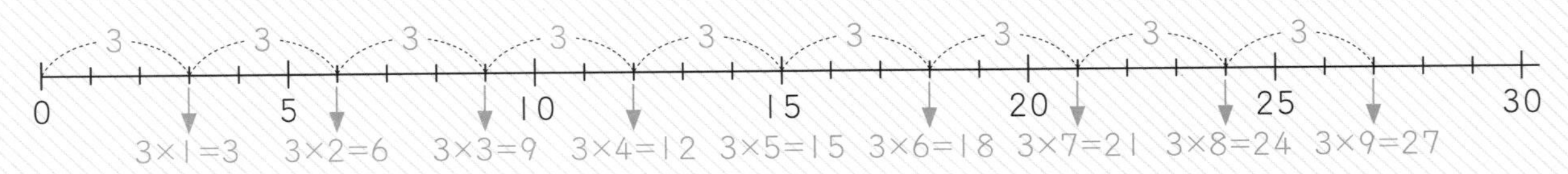

풍선의 개수를 덧셈식과 곱셈식으로 구해 보세요.

1	곱셈식 $3 \times 1 =$ [3]
2	덧셈식 3+3=6 곱셈식 $3 \times$ [2] $=$ [6]
3	덧셈식 3+3+3=9 곱셈식 $3 \times$ [ ] $=$ [ ]
4	덧셈식 곱셈식 $3 \times$ [ ] $=$ [ ]
5	덧셈식 곱셈식 $3 \times$ [ ] $=$ [ ]
6	덧셈식 곱셈식 $3 \times$ [ ] $=$ [ ]
7	덧셈식 곱셈식 $3 \times$ [ ] $=$ [ ]
8	덧셈식 곱셈식 $3 \times$ [ ] $=$ [ ]
9	덧셈식 곱셈식 $3 \times$ [ ] $=$ [ ]

 그림을 보고 □ 안에 알맞은 수를 써넣으세요.

1

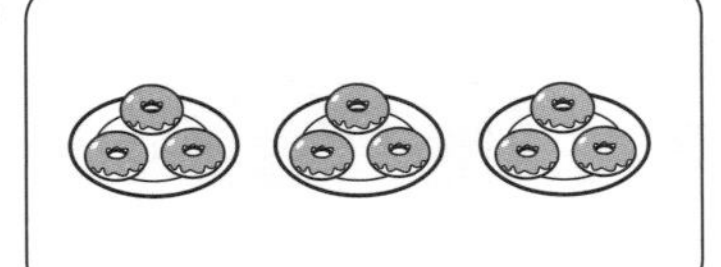

$3 \times 3 = 9$

2

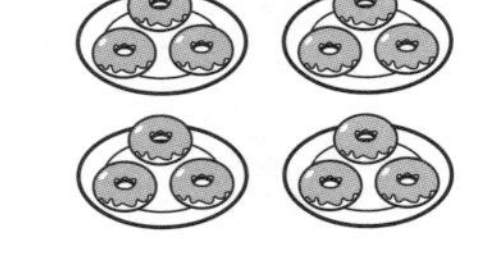

$3 \times \square = \square$

3

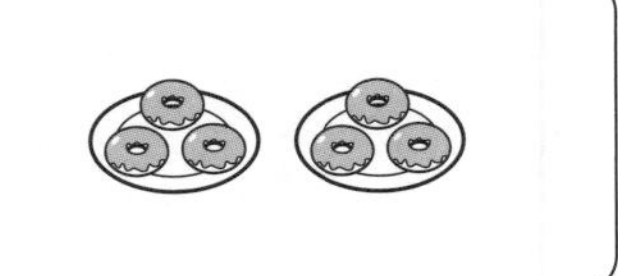

$3 \times \square = \square$

4

$\square \times 6 = \square$

5

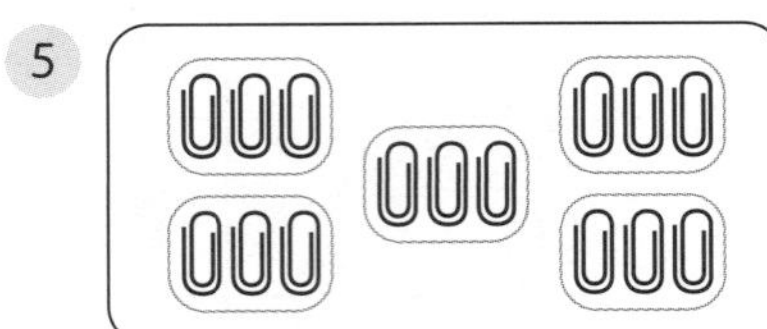

$3 \times \square = \square$

6

$\square \times 5 = \square$

7

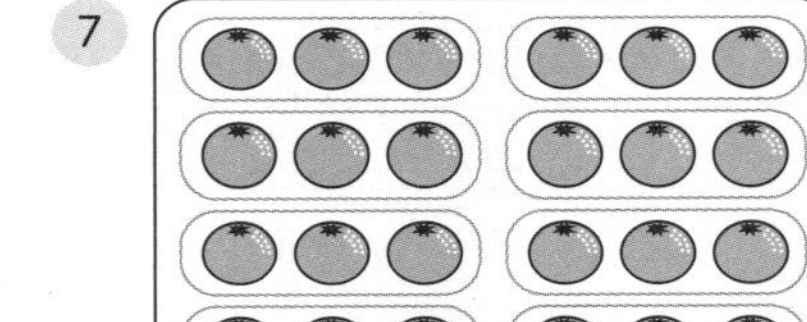

$3 \times \square = \square$

8

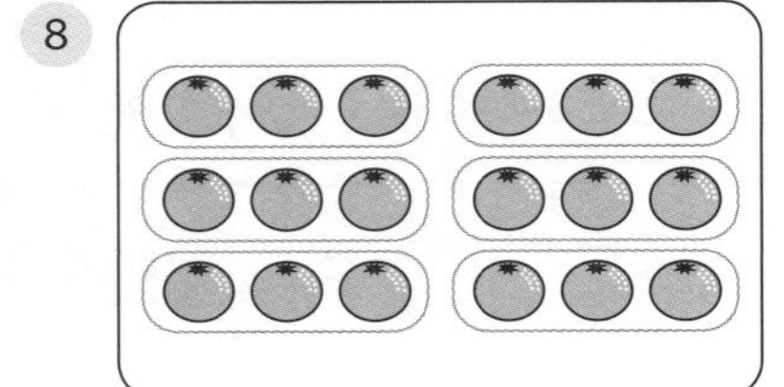

$3 \times \square = \square$

9

$3 \times \square = \square$

10

$\square \times 4 = \square$

11

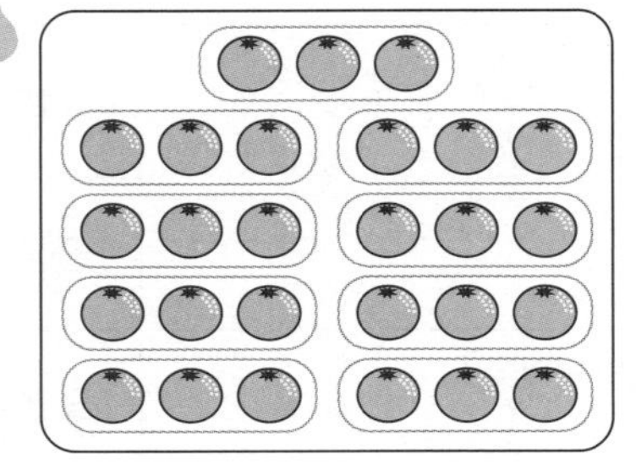

$\square \times 9 = \square$

12

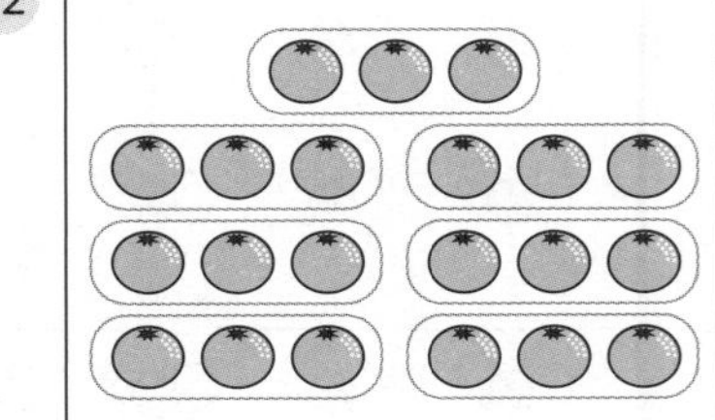

$\square \times 7 = \square$

쿠키의 개수를 3단 곱셈구구로 나타내어 보세요.

1  

3	×	2	=	6

2 

3 

4 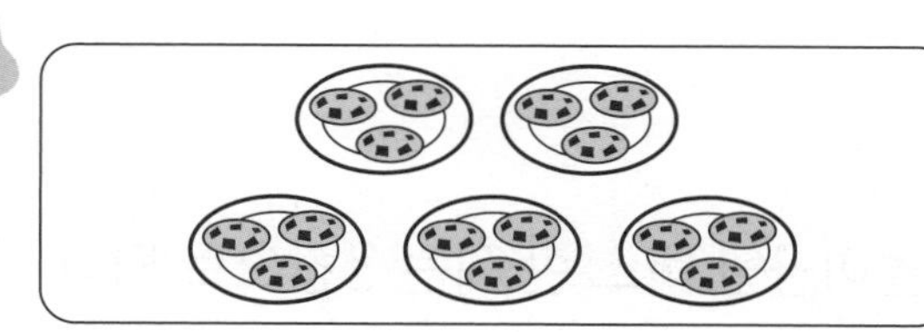

5 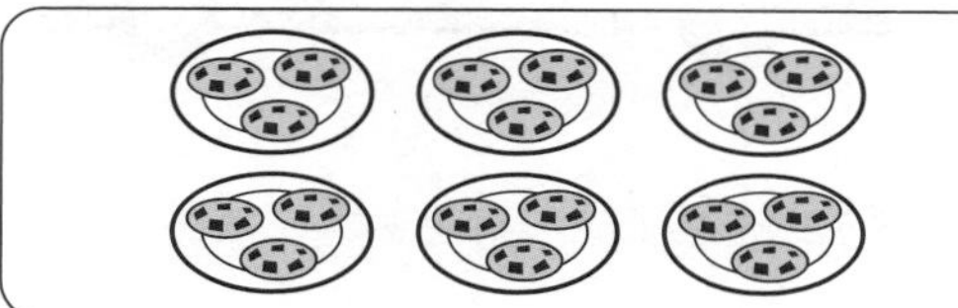

6 

7 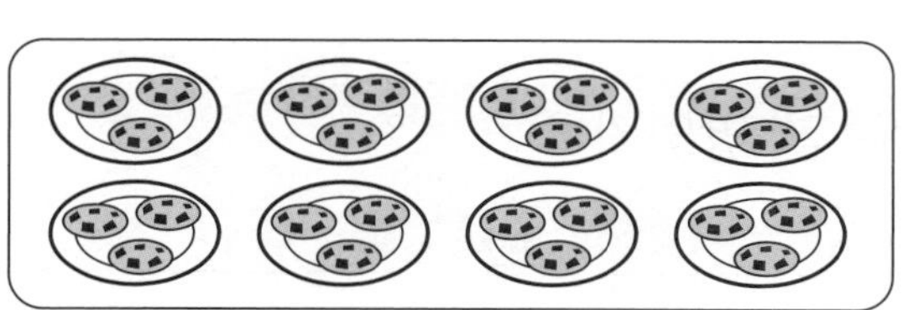

8 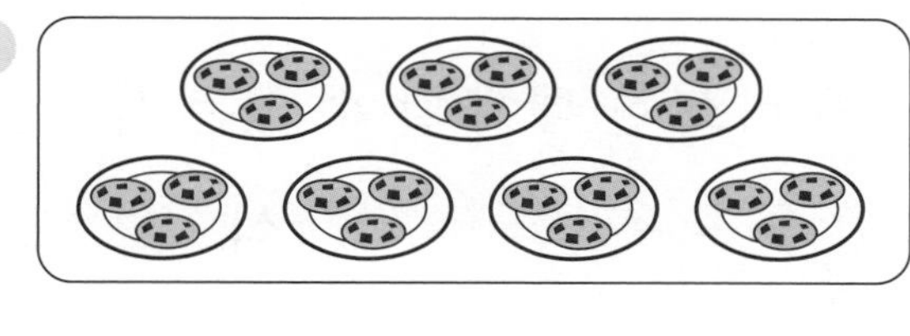

9 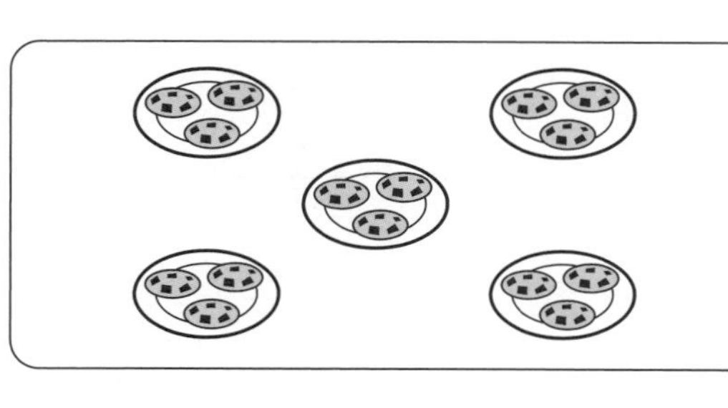

10 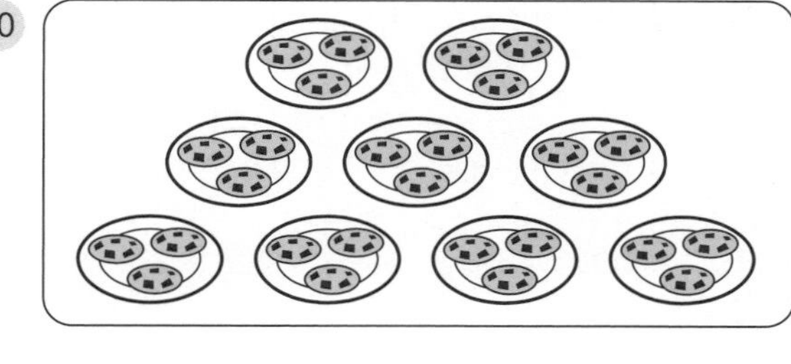

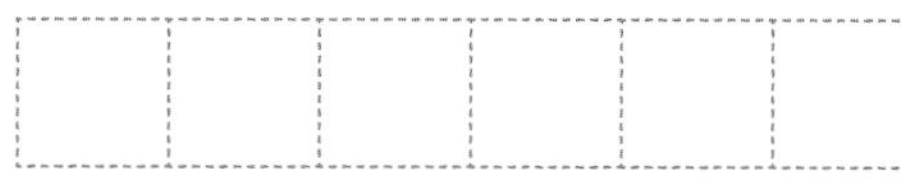

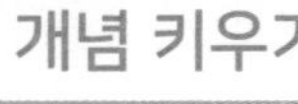

개념 키우기

문제를 해결해 보세요.

1 바구니 한 개에 사과가 3개씩 들어 있습니다. 바구니 7개에 들어 있는 사과는 모두 몇 개인가요? 곱셈식으로 나타내고 답을 구해 보세요.

식__________ 답__________개

2 놀이공원 버스 한 대는 3칸으로 되어 있으며 한 칸에 3명씩 탈 수 있습니다. 그림을 보고 물음에 답하세요.

(1) 버스 2칸에 탈 수 있는 사람은 모두 몇 명인가요?

식__________ 답__________명

(2) 버스 한 대에 탈 수 있는 사람은 모두 몇 명인가요?

식__________ 답__________명

(3) 같은 버스 2대에 탈 수 있는 사람은 모두 몇 명인가요?

식__________ 답__________명

개념 다시보기

그림을 보고 □ 안에 알맞은 수를 써넣으세요.

1

3×□=□

2

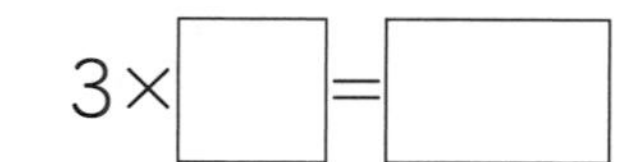

3×□=□

3

3×□=□

4

3×□=□

5

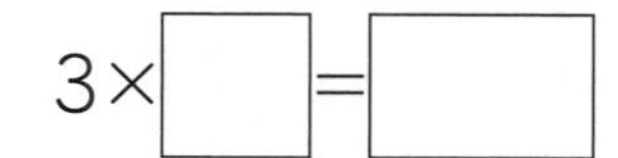

3×□=□

6

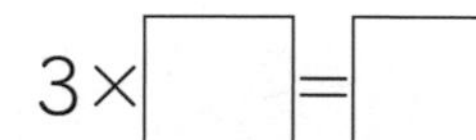

3×□=□

7

3×□=□

8

3×□=□

9

3×□=□

도전해 보세요

1 3단 곱셈구구에 나오는 값을 모두 찾아 ◯표 하세요.

1	3	5	9	24
6	8	12	16	18
15	23	27	21	31

2 계산해 보세요.

(1) 6×3=

(2) 6×5=

6단계 곱셈구구-6단

개념연결

2-1곱셈	2-2곱셈구구		2-2곱셈구구
곱셈식	3단 곱셈구구	6단 곱셈구구	4단 곱셈구구
3+3 → 3×2=6	3×2=6	6×2=12	4×5=20

배운 것을 기억해 볼까요?

1 (1) 3 × 7 = ☐

(2) 3 × 8 = ☐

2 (1) 3 − 6 − 9 − ☐ − ☐

(2) 6 − 12 − ☐ − 24 − ☐

6단 곱셈구구를 알 수 있어요.

30초 개념 6×1=6, 6×2=12, 6×3=18, …과 같이 6에 1부터 9까지의 수를 각각 곱하여 곱셈식으로 나타낸 것을 6단 곱셈구구라고 해요.

6단 곱셈구구 계산하기

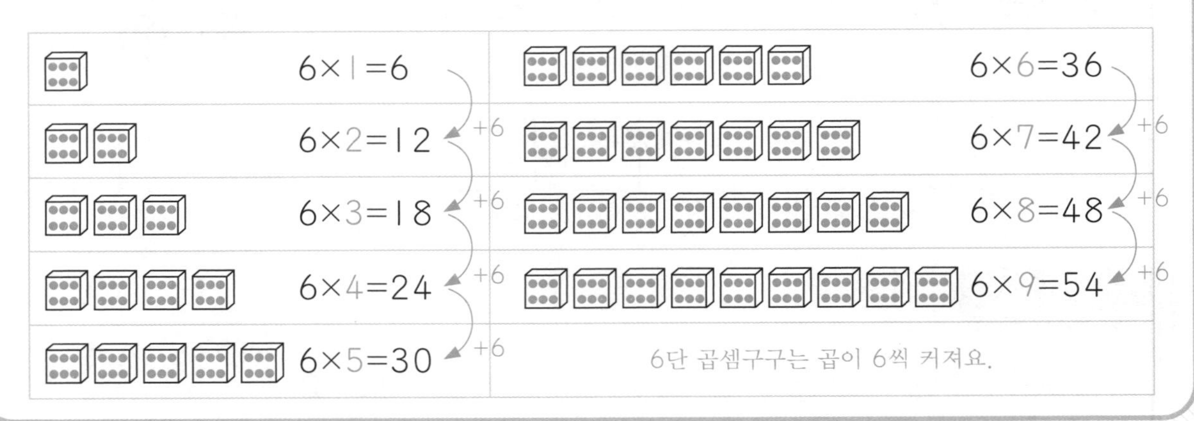

6×1=6	6×6=36
6×2=12 (+6)	6×7=42 (+6)
6×3=18 (+6)	6×8=48 (+6)
6×4=24 (+6)	6×9=54 (+6)
6×5=30 (+6)	6단 곱셈구구는 곱이 6씩 커져요.

이런 방법도 있어요!

수직선을 이용하여 곱셈구구를 계산할 수 있어요.

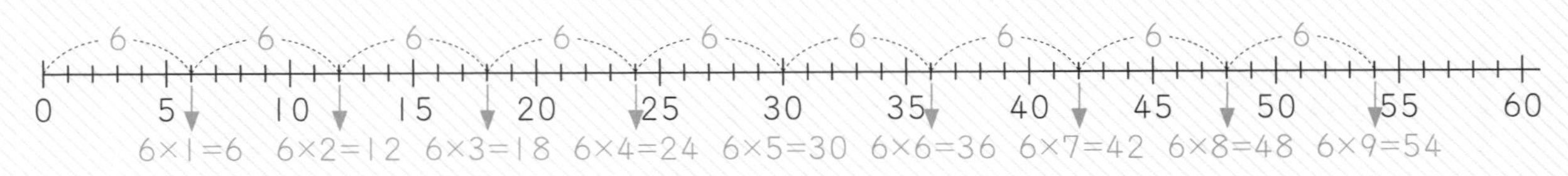

개념 익히기

접시에 놓인 초콜릿의 개수를 덧셈식과 곱셈식으로 구해 보세요.

번호	식
1	곱셈식 6×1 = [6]
2	덧셈식 6+6=12
	곱셈식 6× [2] = [12]
3	덧셈식 6+6+6=18
	곱셈식 6× [ ] = [ ]
4	덧셈식
	곱셈식 6× [ ] = [ ]
5	덧셈식
	곱셈식 6× [ ] = [ ]
6	덧셈식
	곱셈식 6× [ ] = [ ]
7	덧셈식
	곱셈식 6× [ ] = [ ]
8	덧셈식
	곱셈식 6× [ ] = [ ]
9	덧셈식
	곱셈식 6× [ ] = [ ]

개념 다지기

 그림을 보고 ☐ 안에 알맞은 수를 써넣으세요.

1 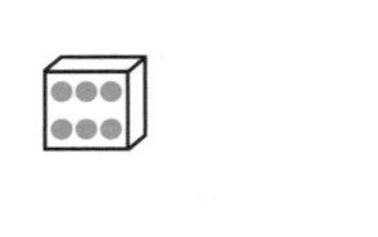

$6 \times 1 = 6$

2 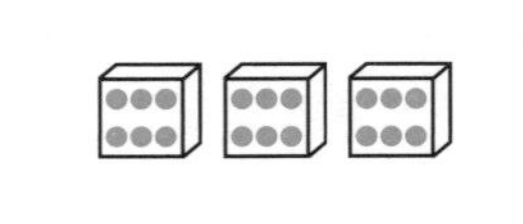

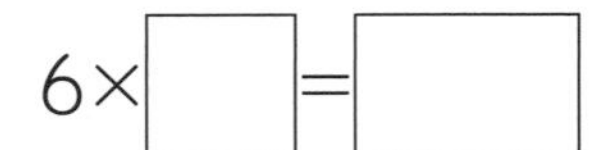

$6 \times \square = \square$

3 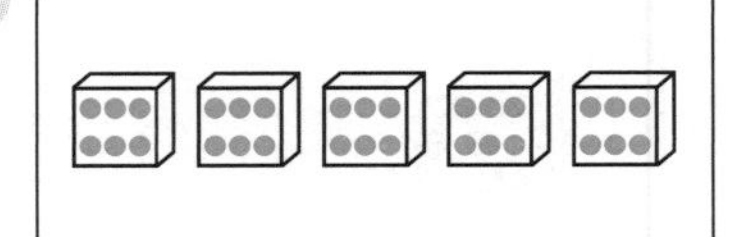

$\square \times 5 = \square$

4 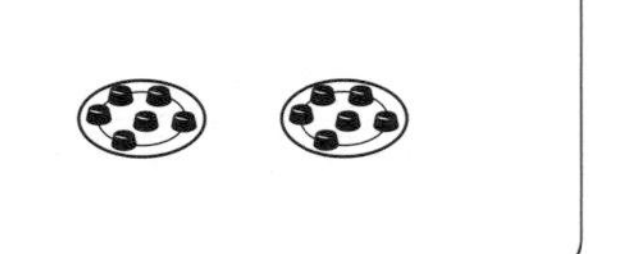

$6 \times \square = \square$

5 

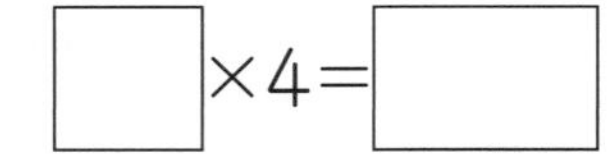

$\square \times 4 = \square$

6 

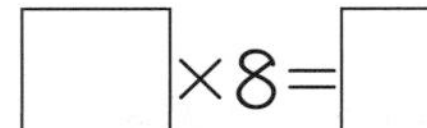

$\square \times 8 = \square$

7 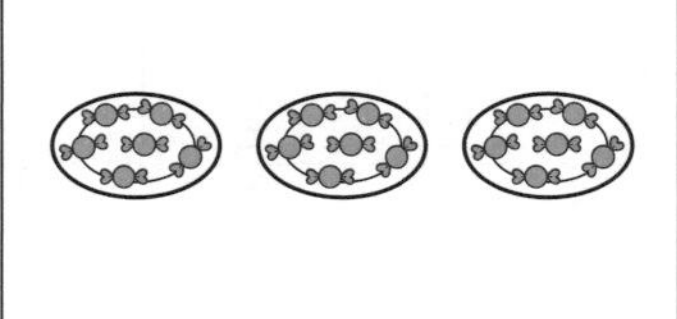

$6 \times \square = \square$

8 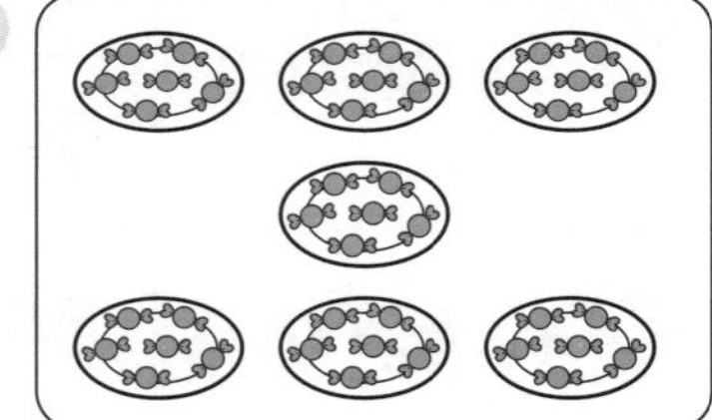

$\square \times 7 = \square$

9 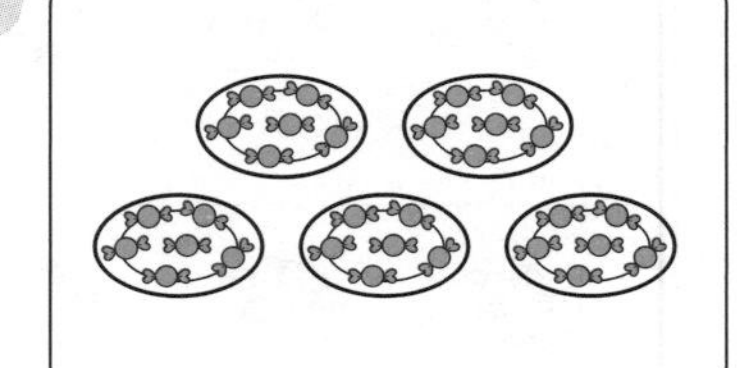

$\square \times 5 = \square$

10

$\square \times 9 = \square$

11

$6 \times \square = \square$

12

$\square \times 6 = \square$

물건의 개수를 6단 곱셈구구로 나타내어 보세요.

1

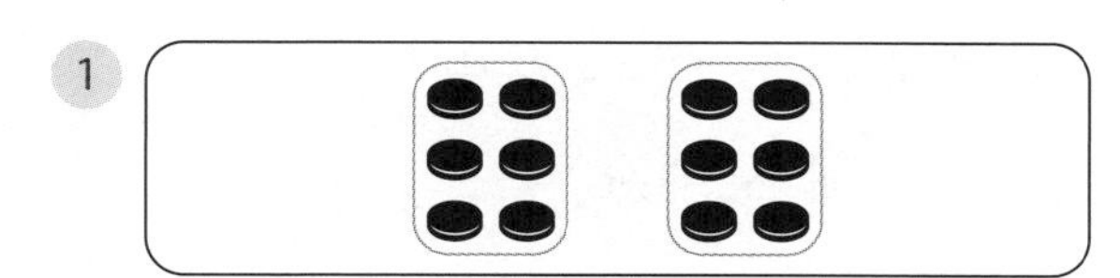

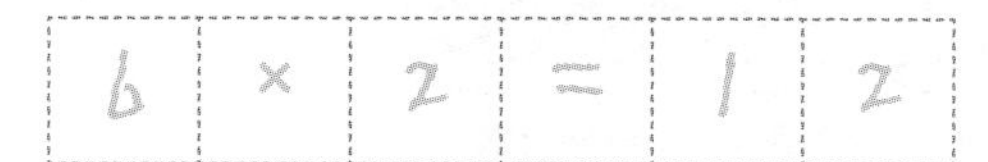

2

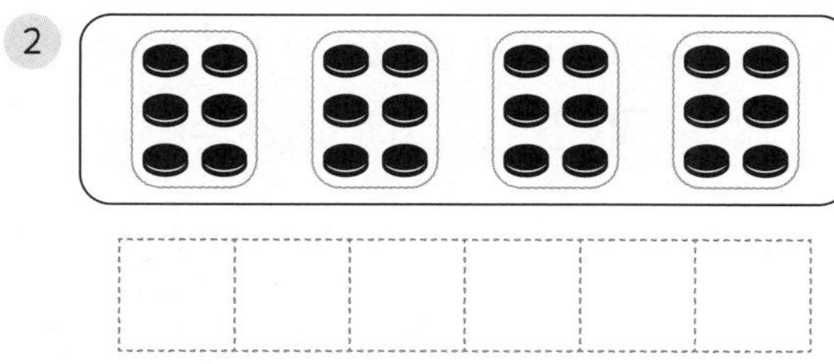

3

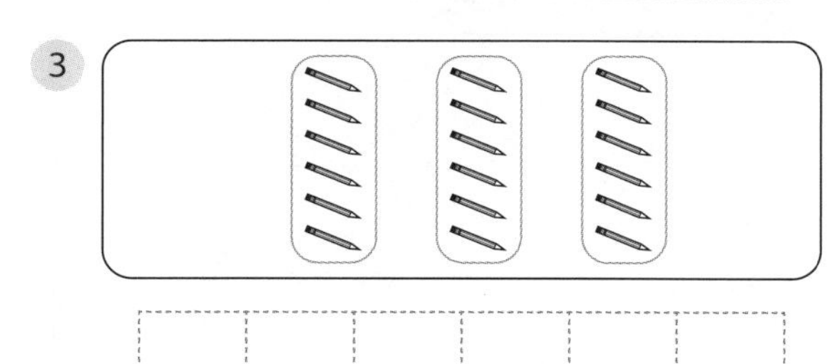

4

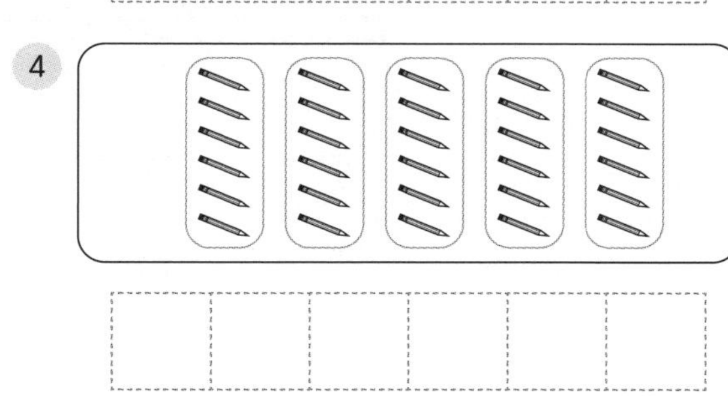

5

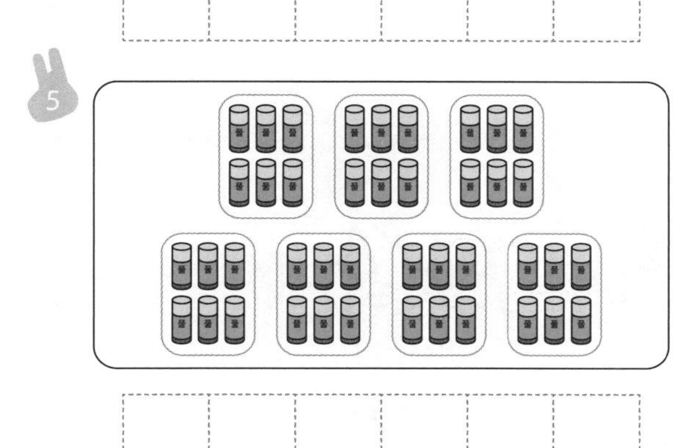

6

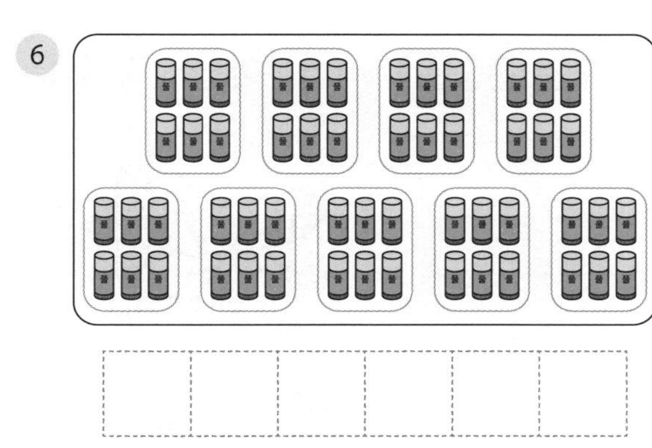

7

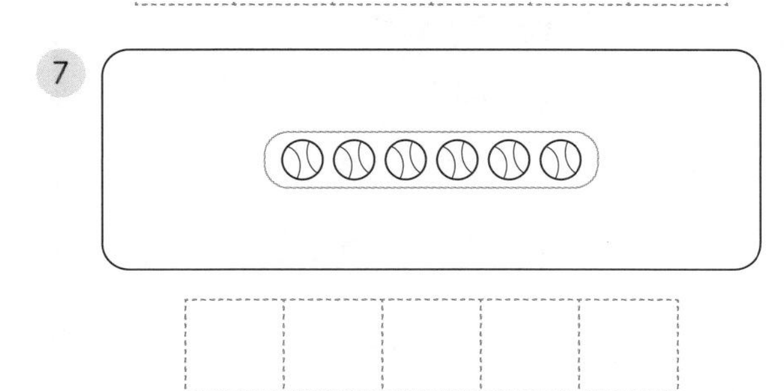

8

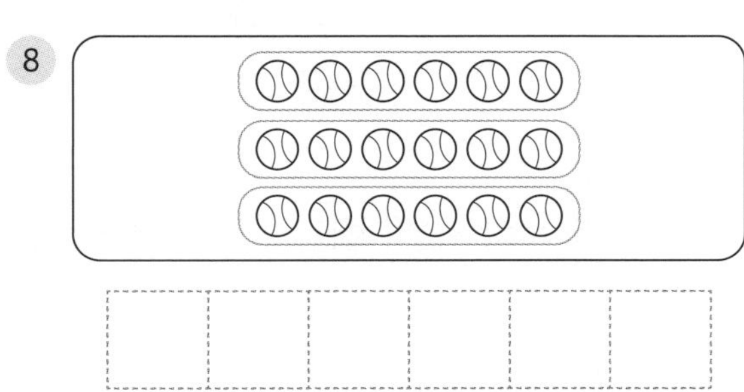

9

10

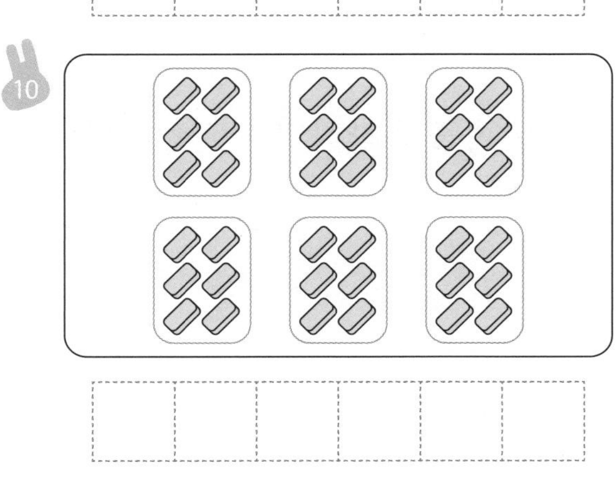

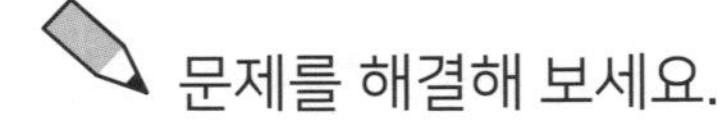

문제를 해결해 보세요.

1 보트 한 대에 6명씩 타고 있습니다. 보트 6대에 타고 있는 사람은 모두 몇 명인가요? 곱셈식으로 나타내고 답을 구해 보세요.

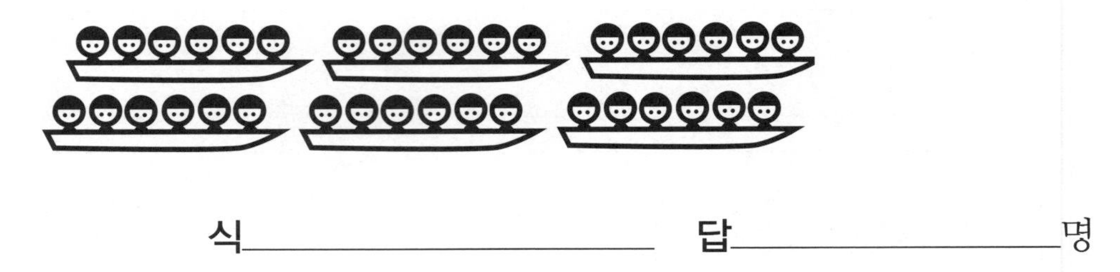

식________________ 답______________명

2 모든 곤충은 다리가 6개입니다. 물음에 답하세요.

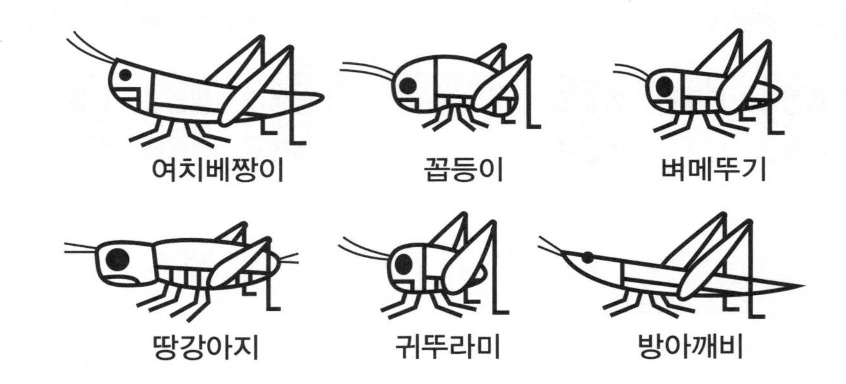

(1) 귀뚜라미와 벼메뚜기, 방아깨비의 다리는 모두 몇 개인가요?

식________________ 답______________개

(2) 곤충 6마리의 다리는 모두 몇 개인가요?

식________________ 답______________개

개념 다시보기

 그림을 보고 □ 안에 알맞은 수를 써넣으세요.

1 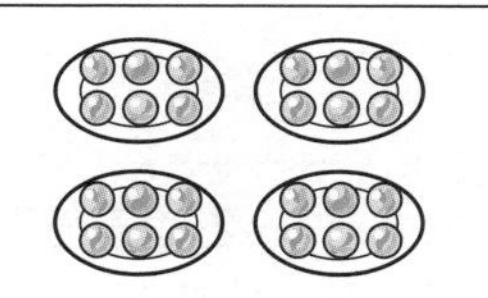

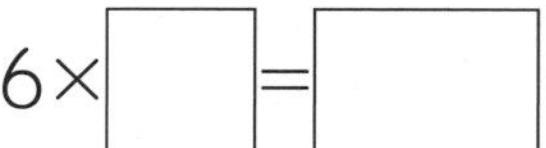
6×□=□

2 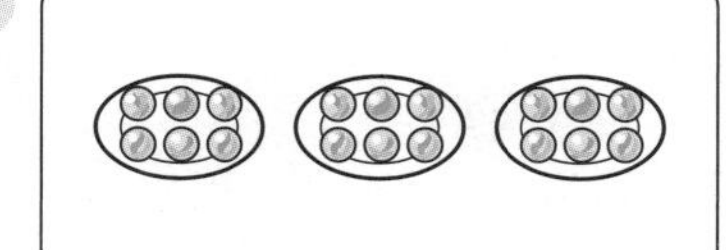

6×□=□

3 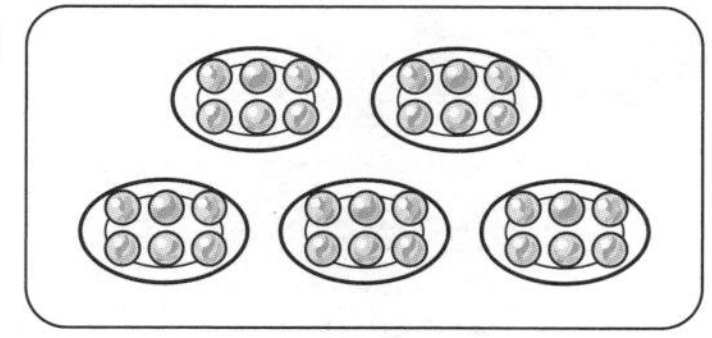

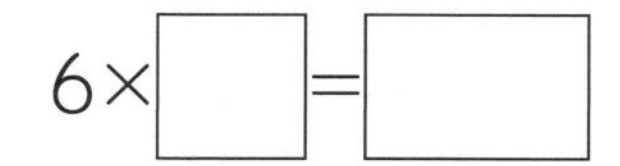
6×□=□

4 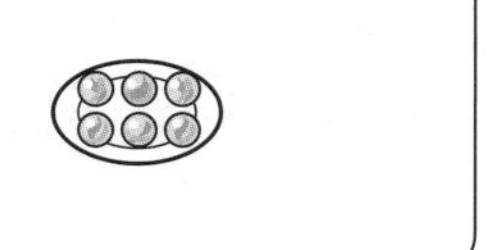

6×□=□

5 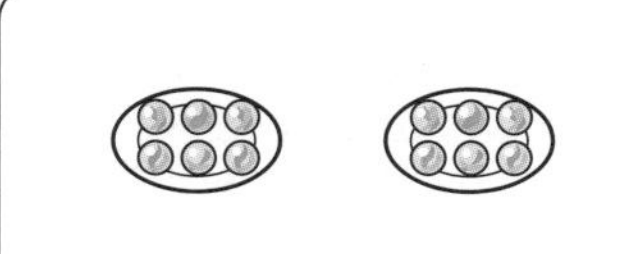

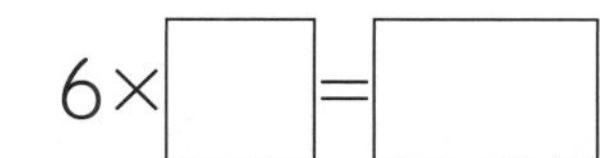
6×□=□

6 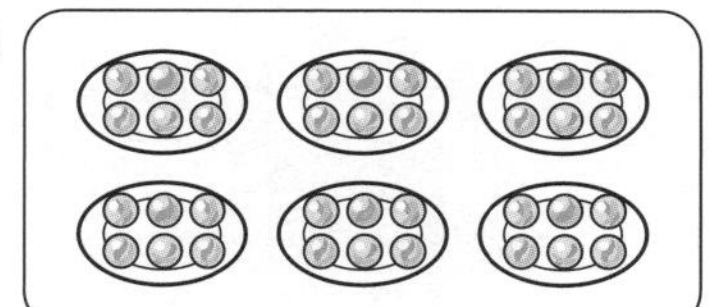

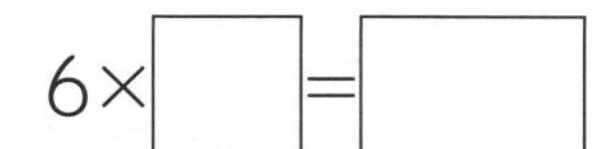
6×□=□

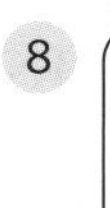

7 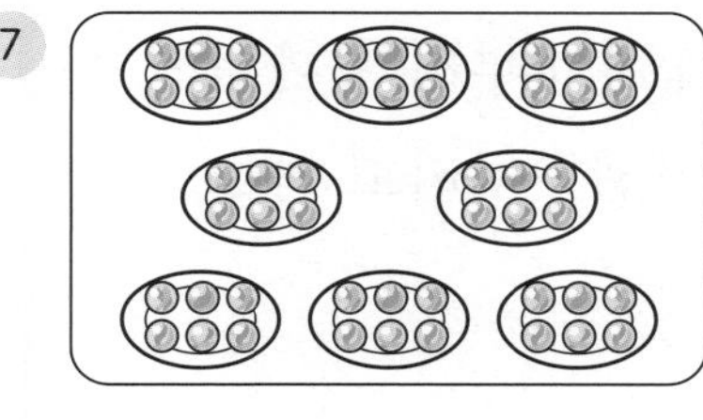

6×□=□

8 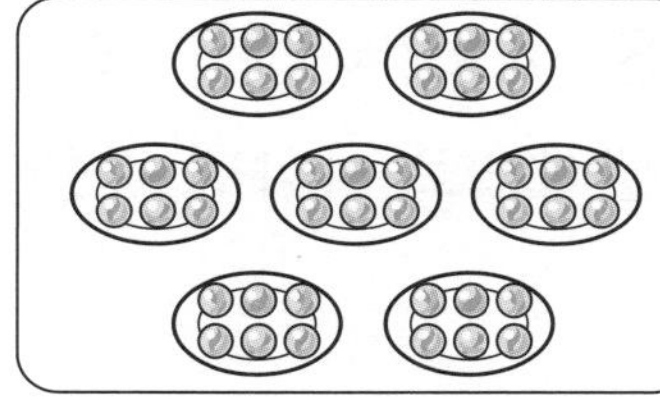

6×□=□

9 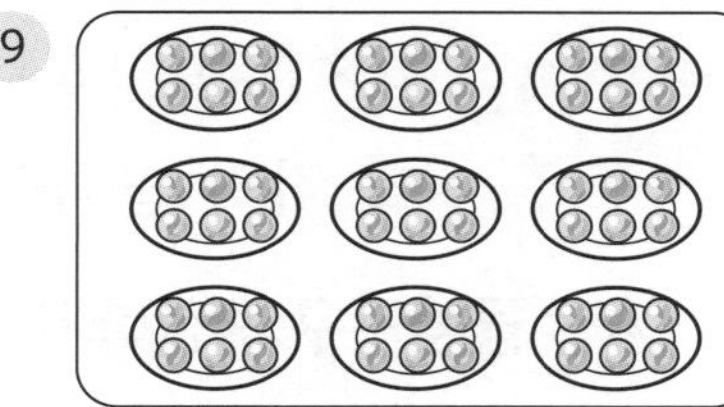

6×□=□

도전해 보세요

1 성냥개비로 삼각형 모양을 6개 만들었습니다. 사용한 성냥개비는 모두 몇 개인가요?

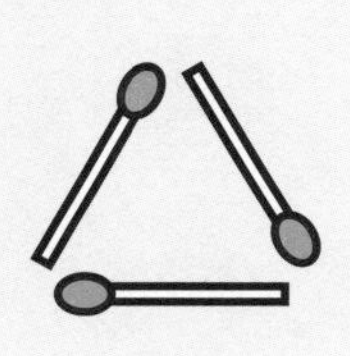

(　　　　　　　　)개

2 계산해 보세요.

(1) 4×2=

(2) 4×6=

7단계 곱셈구구-4단

개념연결

2-1곱셈	2-1곱셈		2-2곱셈구구
몇의 몇 배	곱셈식	4단 곱셈구구	8단 곱셈구구
4의 3배 → 12	4+4+4 → 4×3=12	4×3=12	8×3=24

배운 것을 기억해 볼까요?

1

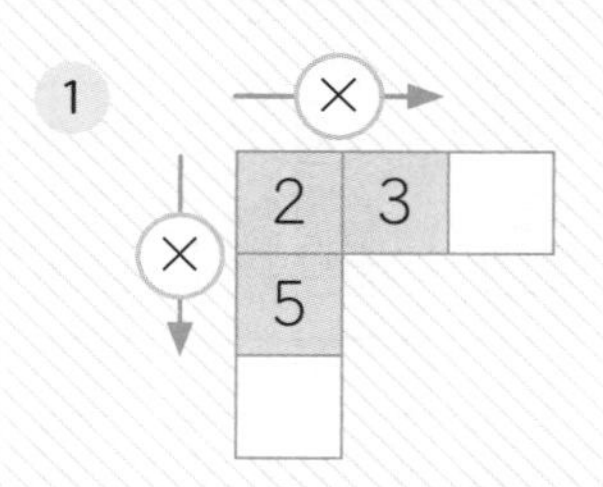

2 (1) 3+3+3+3=☐ ➡ 3×☐=☐

(2) 2+2+2+2=☐ ➡ 2×☐=☐

4단 곱셈구구를 알 수 있어요.

30초 개념 4×1=4, 4×2=8, 4×3=12, …와 같이 4에 1부터 9까지의 수를 각각 곱하여 곱셈식으로 나타낸 것을 4단 곱셈구구라고 해요.

4단 곱셈구구 계산하기

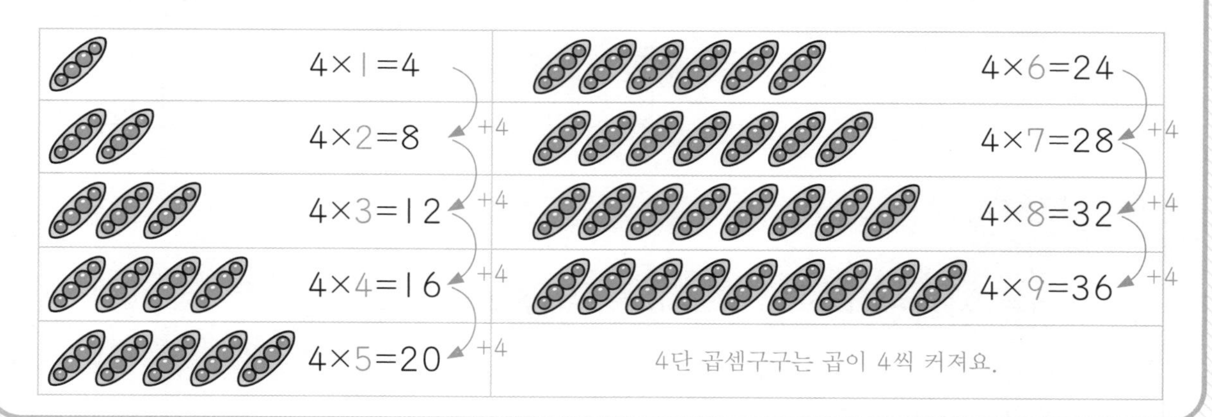

이런 방법도 있어요!

수직선을 이용하여 곱셈구구를 계산할 수 있어요.

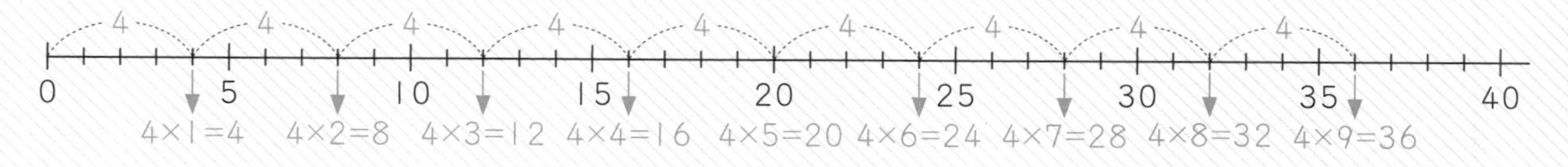

개념 익히기

꽃잎의 개수를 덧셈식과 곱셈식으로 구해 보세요.

문제	식
1	곱셈식 4×1=[4]
2	덧셈식 4+4=8
	곱셈식 4×[2]=[8]
3	덧셈식 4+4+4=12
	곱셈식 4×[ ]=[ ]
4	덧셈식
	곱셈식 4×[ ]=[ ]
5	덧셈식
	곱셈식 4×[ ]=[ ]
6	덧셈식
	곱셈식 4×[ ]=[ ]
7	덧셈식
	곱셈식 4×[ ]=[ ]
8	덧셈식
	곱셈식 4×[ ]=[ ]
9	덧셈식
	곱셈식 4×[ ]=[ ]

개념 다지기

 그림을 보고 □ 안에 알맞은 수를 써넣으세요.

1
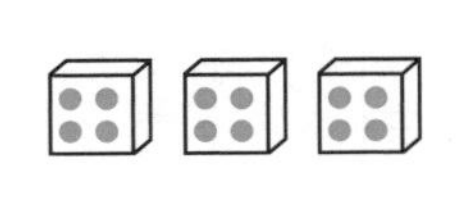
$4\times3=12$

2
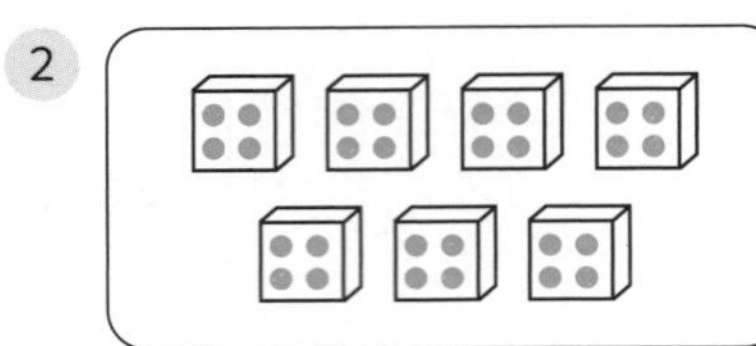
$4\times\square=\square$

3
$\square\times8=\square$

4
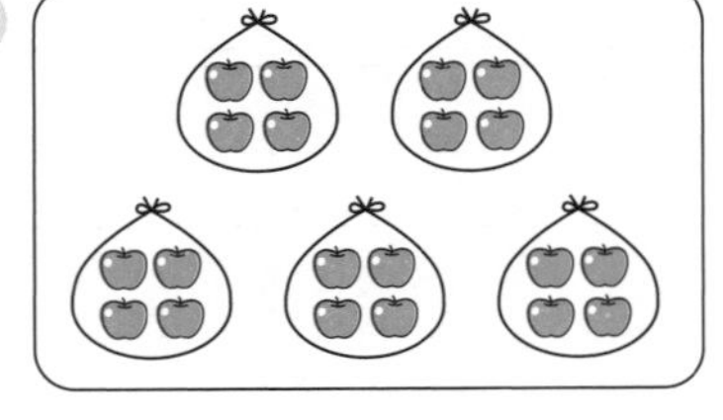
$4\times\square=\square$

5

$4\times\square=\square$

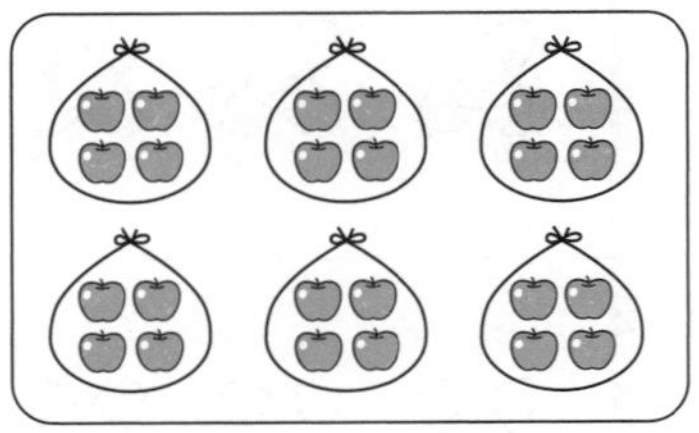
$\square\times6=\square$

7
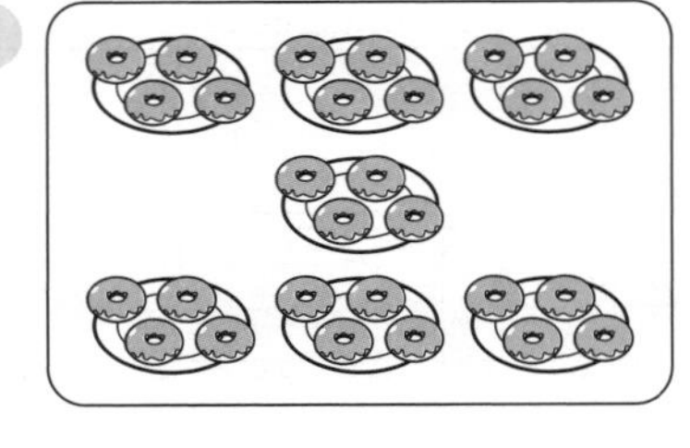
$4\times\square=\square$

8
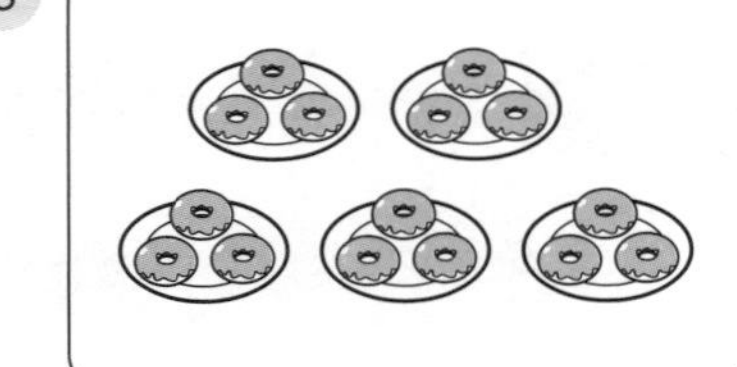
$\square\times5=\square$

9
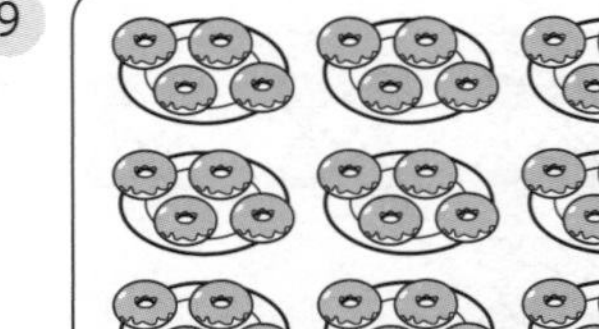
$4\times\square=\square$

10
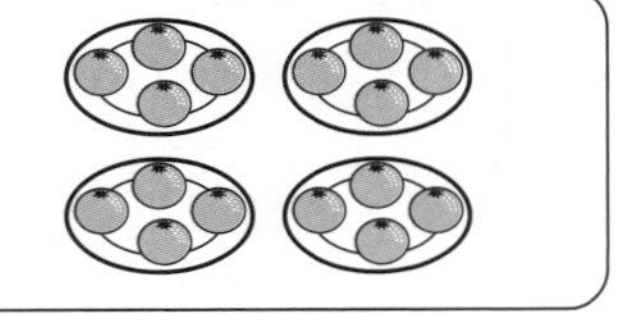
$\square\times4=\square$

11
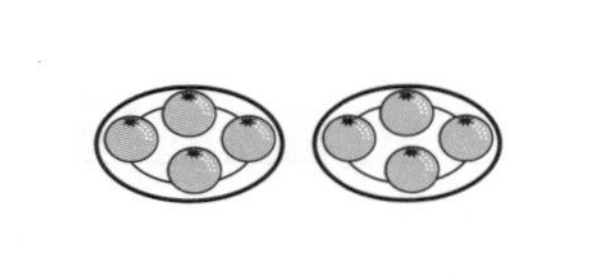
$\square\times2=\square$

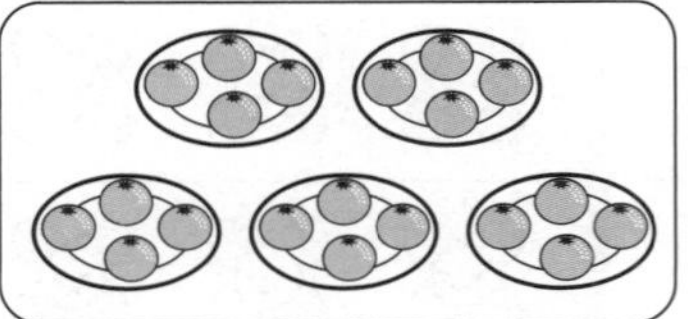
$4\times\square=\square$

딱풀의 개수를 4단 곱셈구구로 나타내어 보세요.

1

4	×	6	=	2	4

2

3

4

5

6

7

8

9

10

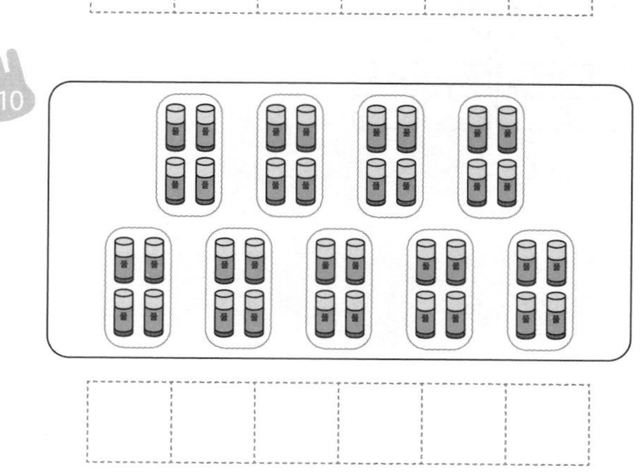

문제를 해결해 보세요.

1 은솔이네 반은 한 모둠에 4명씩 모두 6개의 모둠으로 이루어져 있습니다.
은솔이네 반 학생은 모두 몇 명인가요?
곱셈식으로 나타내고 답을 구해 보세요.

식 ________________ **답** ____________명

2 500 mL 음료수가 한 줄에 4개씩 포장되어 있습니다. 물음에 답하세요.

(1) 음료수 2줄은 몇 개인가요?

식 ________________ **답** ____________개

(2) 음료수 5줄은 몇 개인가요?

식 ________________ **답** ____________개

(3) 음료수는 모두 몇 개인가요?

식 ________________ **답** ____________개

개념 다시보기

그림을 보고 □ 안에 알맞은 수를 써넣으세요.

1
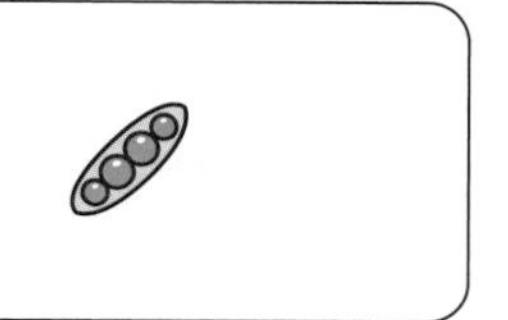

4×□=□

2

4×□=□

3

4×□=□

4

4×□=□

5
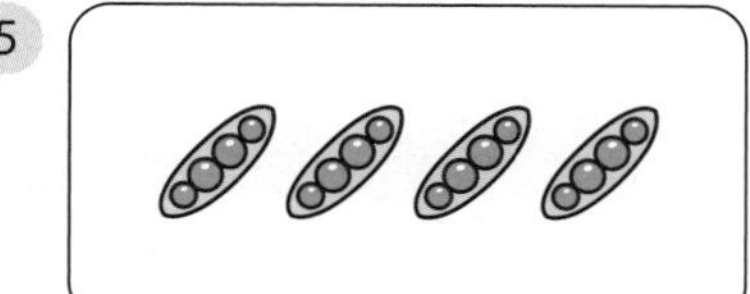

4×□=□

6
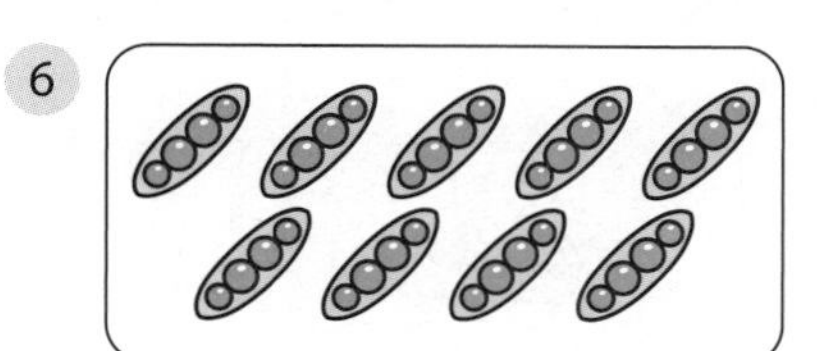

4×□=□

7

4×□=□
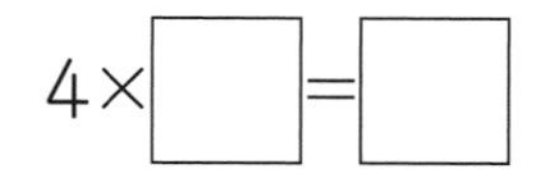

8
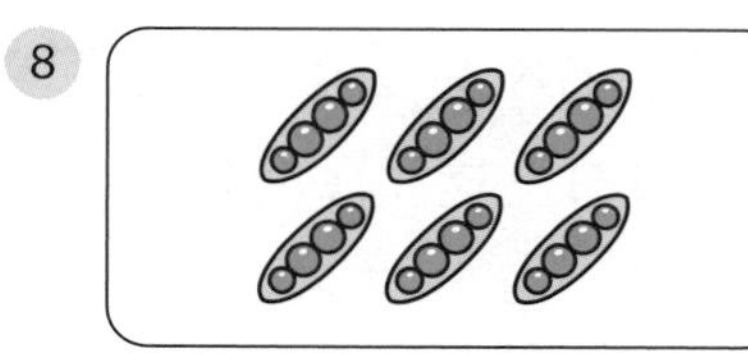

4×□=□

9
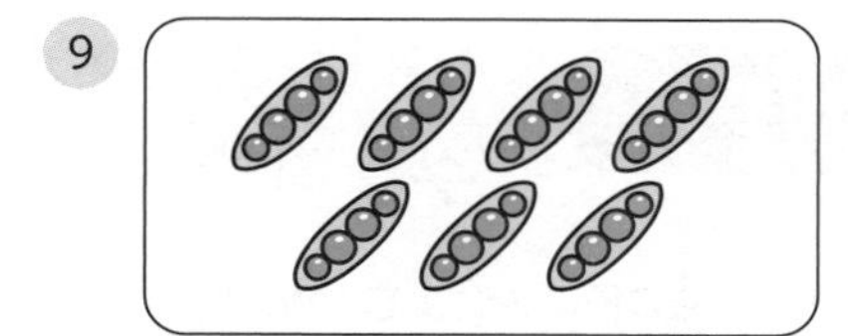

4×□=□

도전해 보세요

1 4단 곱셈구구에 나오는 값을 모두 찾아 ◯표 하세요.

15	28	20	26	24
16	38	15	22	14
42	8	4	10	12
34	18	32	30	36

2 계산해 보세요.

(1) $8\times3=$

(2) $8\times5=$

곱셈구구-8단

개념연결

2-1곱셈	2-1곱셈	8단 곱셈구구	2-2곱셈구구
곱셈식 8+8+8 → 8×3=24	4단 곱셈구구 4×3=12	8×3=24	7단 곱셈구구 7×4=28

배운 것을 기억해 볼까요?

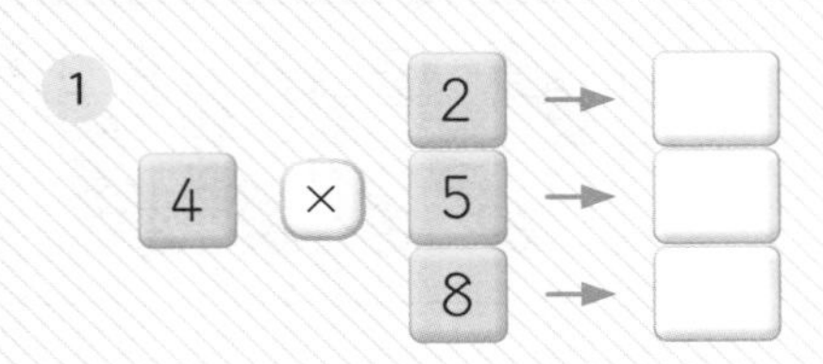

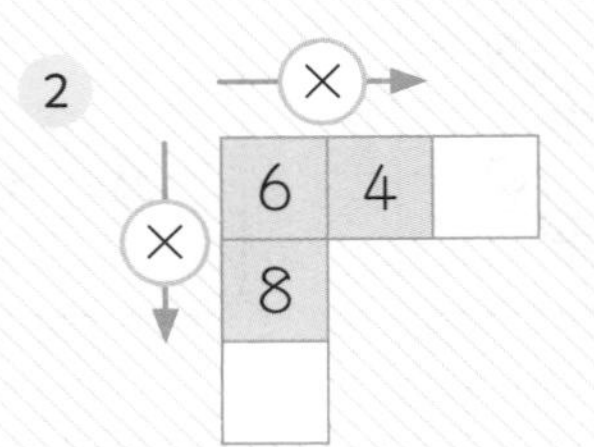

8단 곱셈구구를 알 수 있어요.

30초 개념 8×1=8, 8×2=16, 8×3=24, …와 같이 8에 1부터 9까지의 수를 각각 곱하여 곱셈식으로 나타낸 것을 8단 곱셈구구라고 해요.

8단 곱셈구구 계산하기

	8×1=8		8×6=48
	8×2=16 (+8)		8×7=56 (+8)
	8×3=24 (+8)		8×8=64 (+8)
	8×4=32 (+8)		8×9=72 (+8)
	8×5=40 (+8)	8단 곱셈구구는 곱이 8씩 커져요.	

이런 방법도 있어요!

수직선을 이용하여 곱셈구구를 계산할 수 있어요.

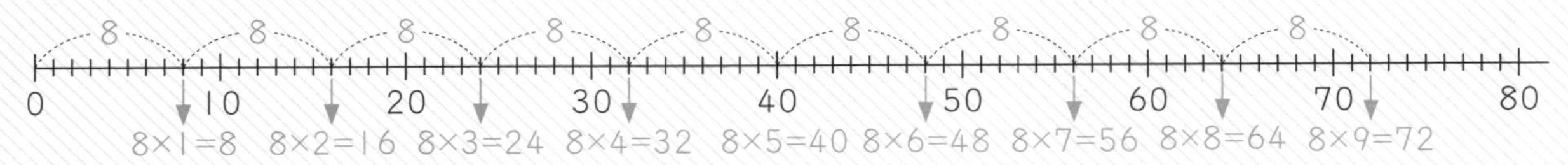

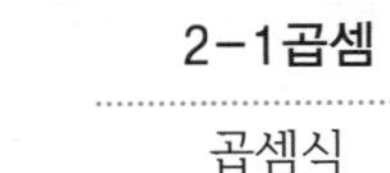

한 판을 8조각으로 나눈 피자 조각의 개수를 덧셈식과 곱셈식으로 구해 보세요.

1	곱셈식 $8\times1=$ [8]
2	덧셈식 8+8=16
	곱셈식 $8\times$ [2] $=$ [16]
3	덧셈식 8+8+8=24
	곱셈식 $8\times$ [ ] $=$ [ ]
4	덧셈식
	곱셈식 $8\times$ [ ] $=$ [ ]
5	덧셈식
	곱셈식 $8\times$ [ ] $=$ [ ]
6	덧셈식
	곱셈식 $8\times$ [ ] $=$ [ ]
7	덧셈식
	곱셈식 $8\times$ [ ] $=$ [ ]
8	덧셈식
	곱셈식 $8\times$ [ ] $=$ [ ]
9	덧셈식
	곱셈식 $8\times$ [ ] $=$ [ ]

개념 다지기

 그림을 보고 □ 안에 알맞은 수를 써넣으세요.

1

$8 \times 4 = 32$

2

$\square \times 1 = \square$

3

$8 \times \square = \square$

4

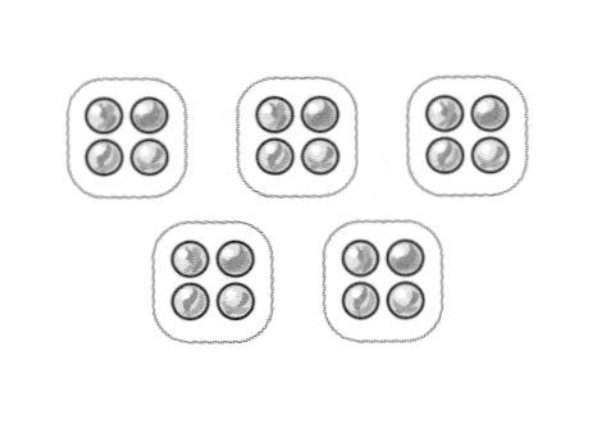

$\square \times 5 = \square$

5

$8 \times \square = \square$

6

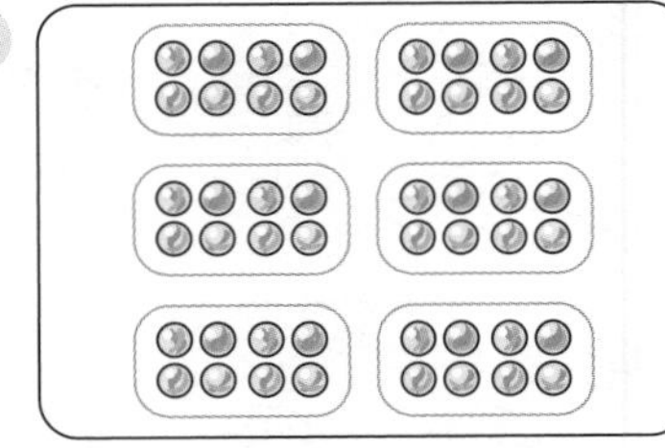

$\square \times 6 = \square$

7

$8 \times \square = \square$

8

$\square \times 4 = \square$

9

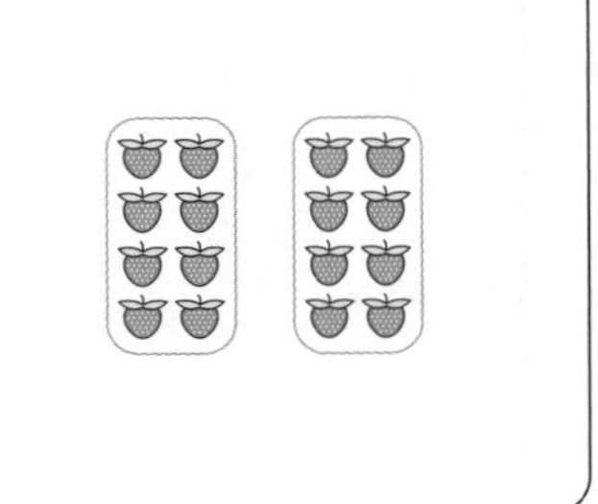

$8 \times \square = \square$

10

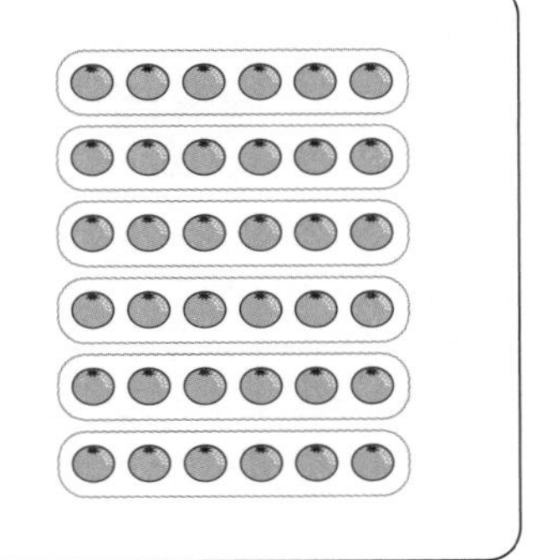

$6 \times \square = \square$

11

$\square \times 5 = \square$

12

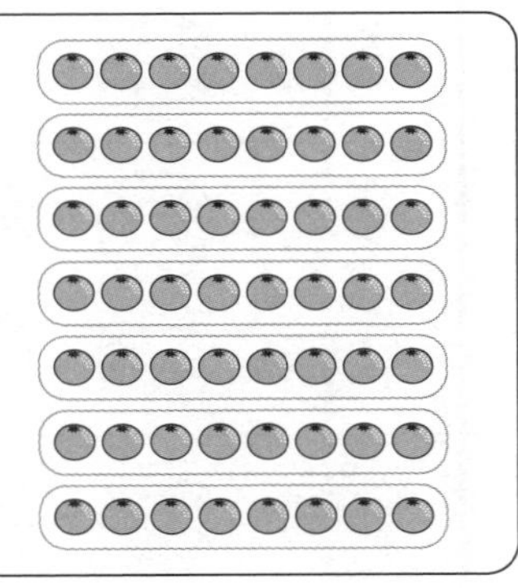

$8 \times \square = \square$

◆ 모양의 개수를 8단 곱셈구구로 나타내어 보세요.

1

8	×	1	=	8

2

3

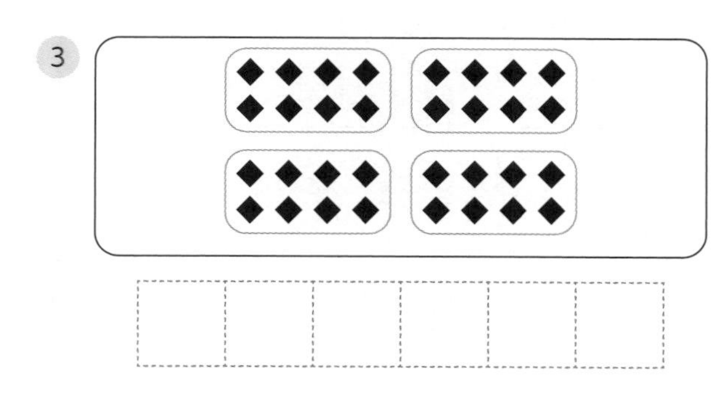

4

5

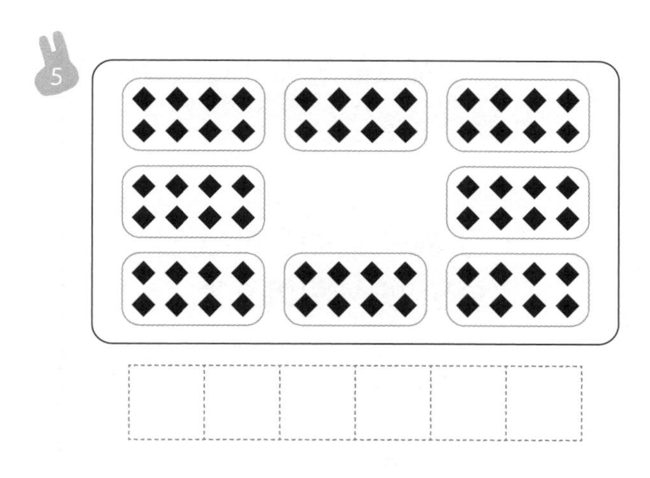

6

7

8

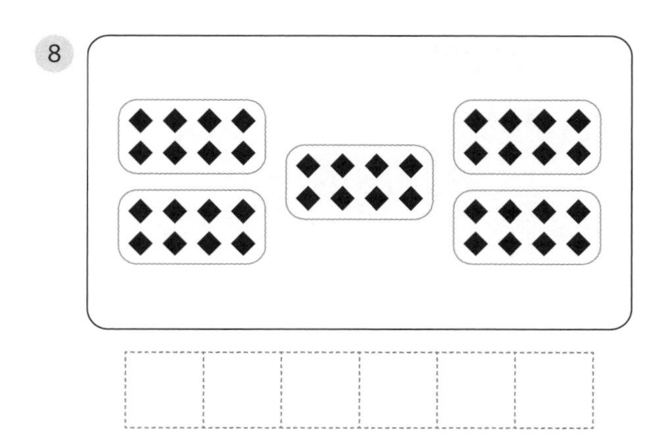

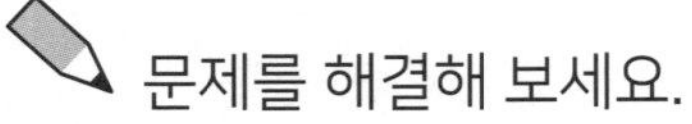
문제를 해결해 보세요.

1 지민이가 화살을 5발 쏘아 그림과 같이 맞혔습니다. 물음에 답하세요.

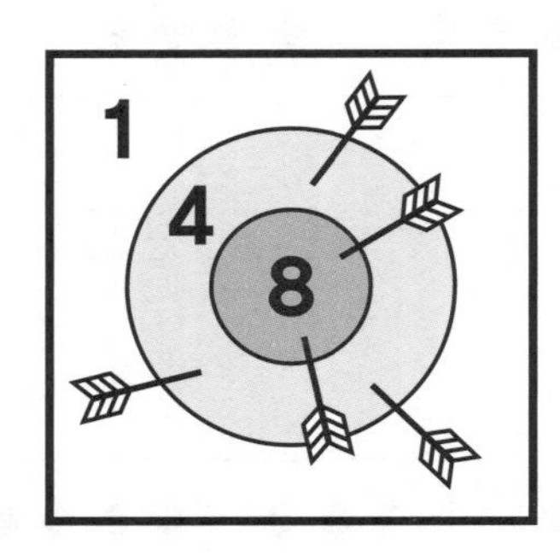

(1) 4점짜리를 맞혀 얻은 점수는 모두 몇 점인가요?

식 ____________ 답 ____________점

(2) 8점짜리를 맞혀 얻은 점수는 모두 몇 점인가요?

식 ____________ 답 ____________점

(3) 지민이가 얻은 점수는 모두 몇 점인가요?

식 ____________ 답 ____________점

2 만두 뷔페에서 3종류를 묶은 갑 세트와 6종류를 묶은 을 세트를 판매하고 있습니다. 물음에 답하세요.

갑 세트

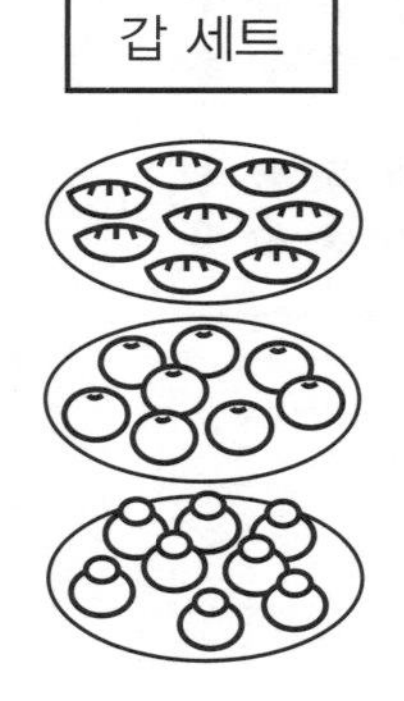

을 세트

(1) 갑 세트를 주문하면 만두는 모두 몇 개인가요?

식 ____________

답 ____________개

(2) 을 세트를 주문하면 만두는 모두 몇 개인가요?

식 ____________ 답 ____________개

(3) 갑 세트와 을 세트를 각각 하나씩 주문하면 만두는 모두 몇 개인가요?

식 ____________ 답 ____________개

그림을 보고 □ 안에 알맞은 수를 써넣으세요.

1

$8\times\square=\square$

2

$8\times\square=\square$

3

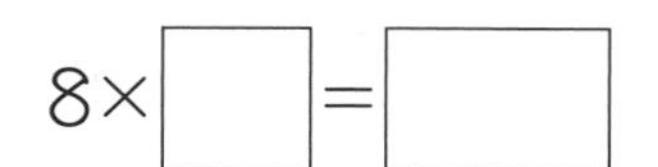
$8\times\square=\square$

4

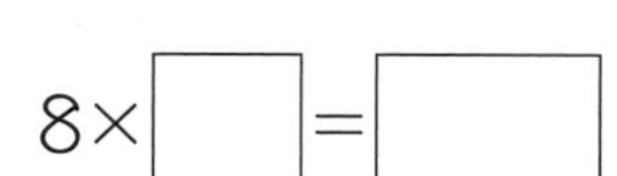
$8\times\square=\square$

5

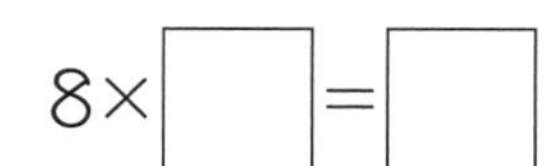
$8\times\square=\square$

6

$8\times\square=\square$

7

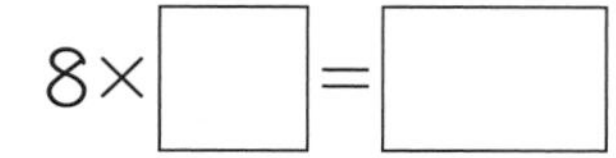
$8\times\square=\square$

8

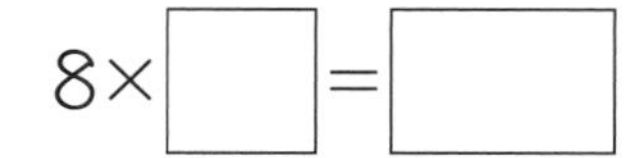
$8\times\square=\square$

9

$8\times\square=\square$

도전해 보세요

1 수 카드 3장을 모두 한 번씩만 사용하여 곱셈식을 완성해 보세요.

$8\times\square=\square\square$

2 계산해 보세요.

(1) $7\times4=$

(2) $7\times5=$

9단계 곱셈구구-7단

개념연결

2-1곱셈	2-1곱셈		2-2곱셈구구
몇의 몇 배	곱셈식	7단 곱셈구구	9단 곱셈구구
7의 3배 → 21	7+7+7 → 7×3=21	7×3=21	9×7=63

배운 것을 기억해 볼까요?

1

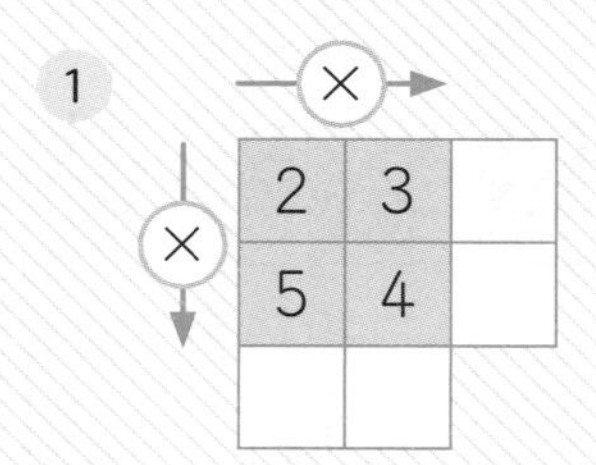

2 (1)

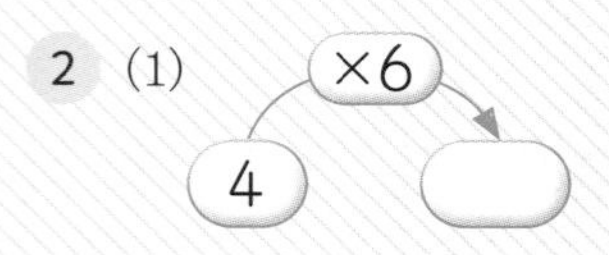

(2)

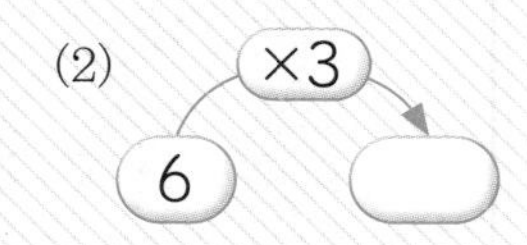

7단 곱셈구구를 알 수 있어요.

30초 개념 7×1=7, 7×2=14, 7×3=21, …과 같이 7에 1부터 9까지의 수를 각각 곱하여 곱셈식으로 나타낸 것을 7단 곱셈구구라고 해요.

7단 곱셈구구 계산하기

	7×1=7		7×6=42
	7×2=14 (+7)		7×7=49 (+7)
	7×3=21 (+7)		7×8=56 (+7)
	7×4=28 (+7)		7×9=63 (+7)
	7×5=35 (+7)	7단 곱셈구구는 곱이 7씩 커져요.	

이런 방법도 있어요!

수직선을 이용하여 곱셈구구를 계산할 수 있어요.

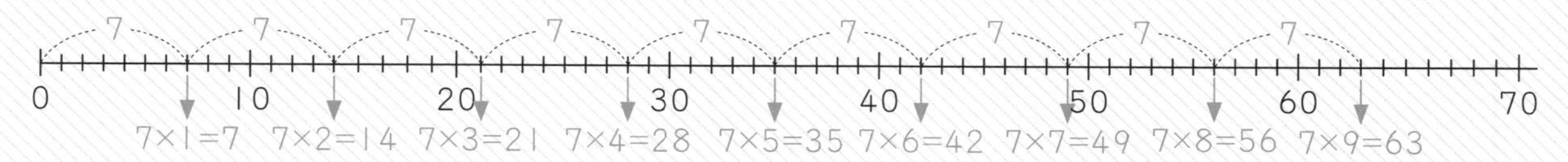

개념 익히기

✏ 잎의 개수를 덧셈식과 곱셈식으로 구해 보세요.

1		곱셈식 $7\times1=$ [7]
2		덧셈식 7+7=14
		곱셈식 $7\times$ [2] $=$ [14]
3		덧셈식 7+7+7=21
		곱셈식 $7\times$ [ ] $=$ [ ]
4		덧셈식
		곱셈식 $7\times$ [ ] $=$ [ ]
5	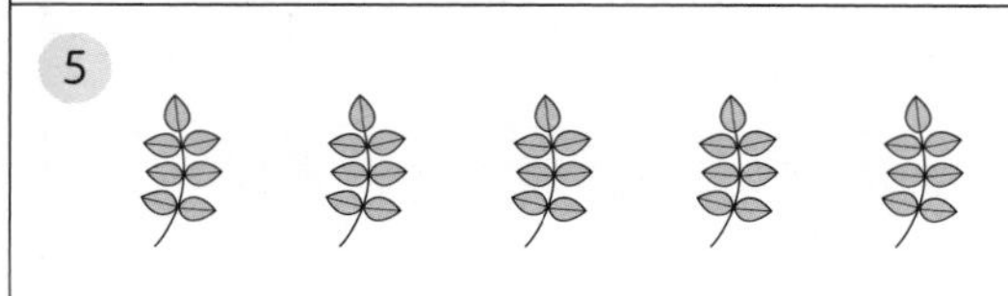	덧셈식
		곱셈식 $7\times$ [ ] $=$ [ ] 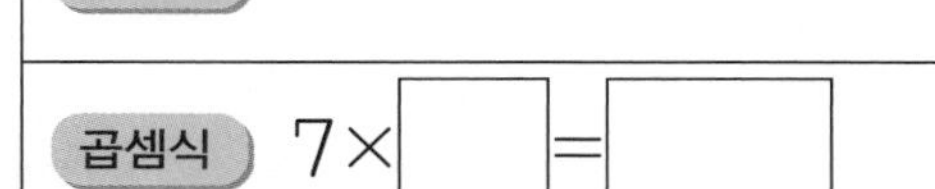
6	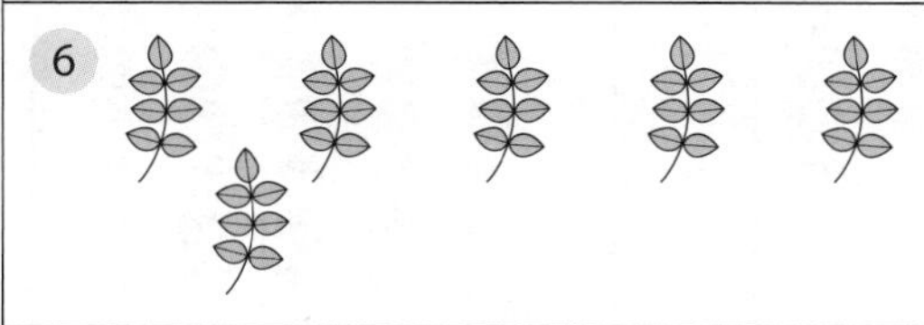	덧셈식 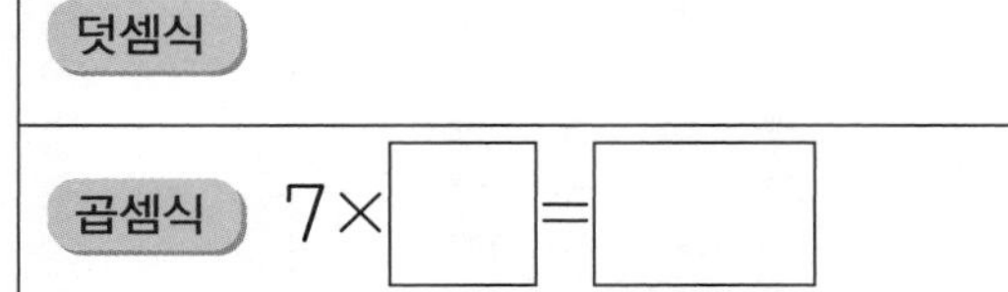
		곱셈식 $7\times$ [ ] $=$ [ ]
7	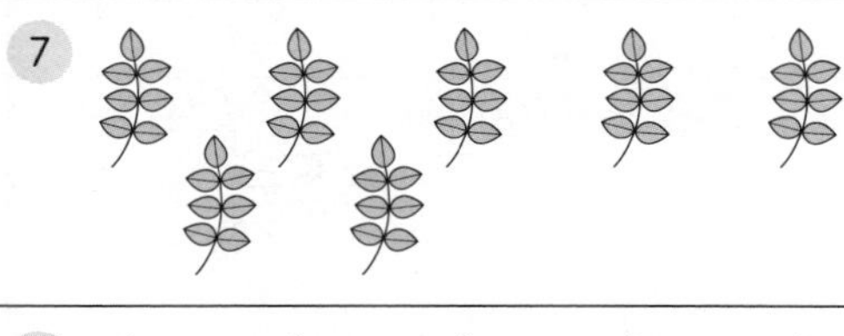	덧셈식 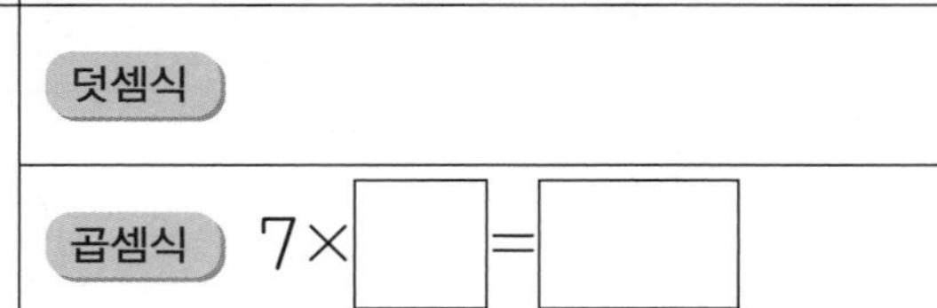
		곱셈식 $7\times$ [ ] $=$ [ ]
8	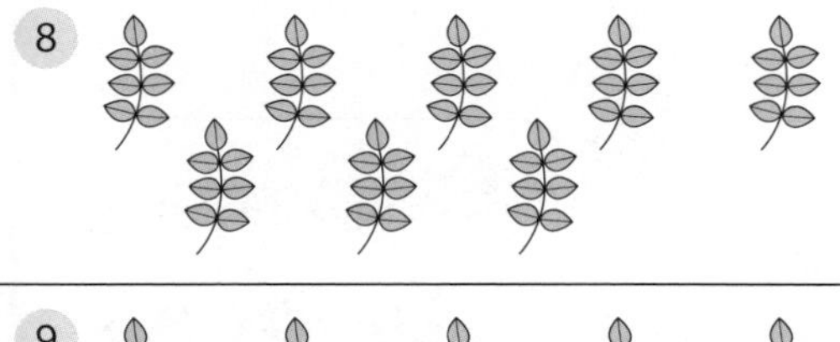	덧셈식 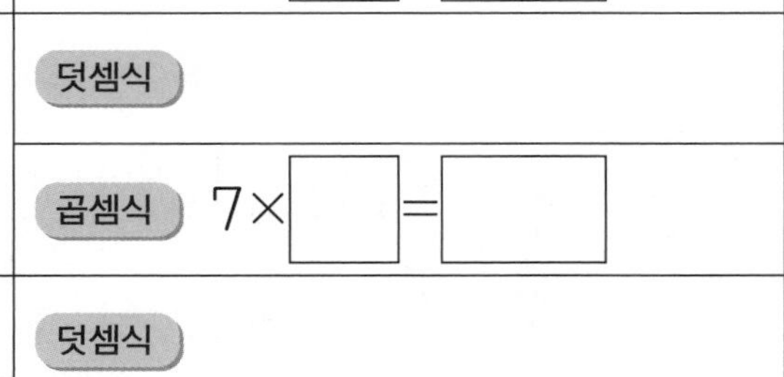
		곱셈식 $7\times$ [ ] $=$ [ ]
9		덧셈식
		곱셈식 $7\times$ [ ] $=$ [ ]

개념 다지기

 그림을 보고 □ 안에 알맞은 수를 써넣으세요.

1
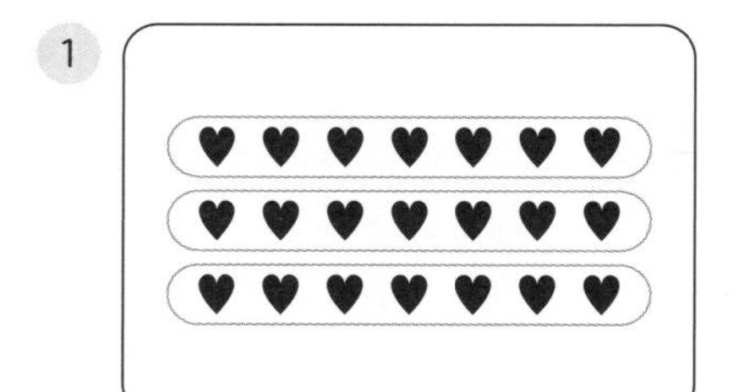

$7 \times 3 = 21$

2

$7 \times \square = \square$

3

$\square \times 1 = \square$

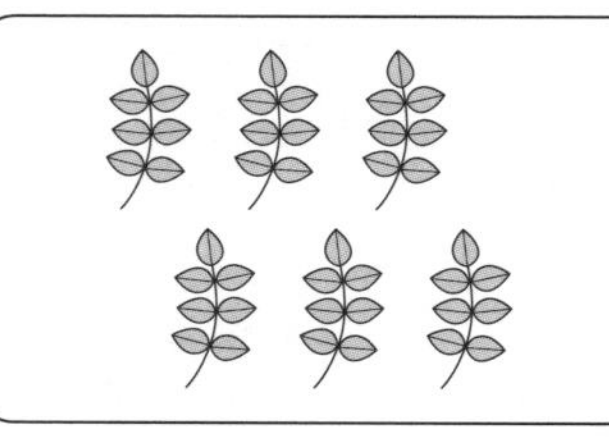

$\square \times 6 = \square$

5

$7 \times \square = \square$

6
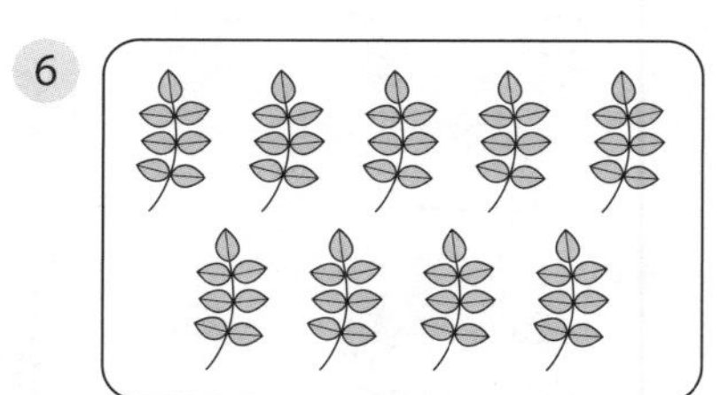

$7 \times \square = \square$

7
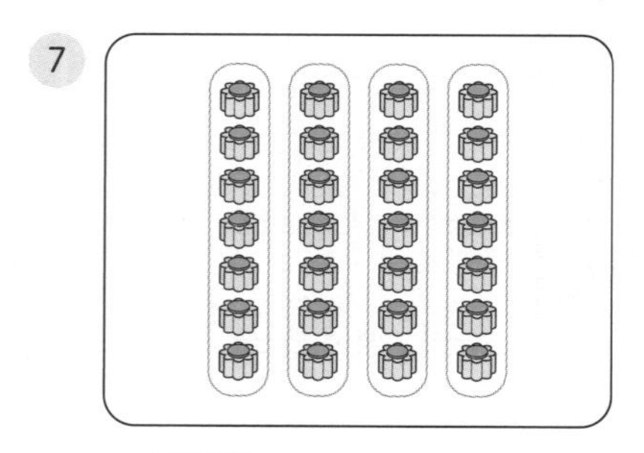

$\square \times 4 = \square$

8
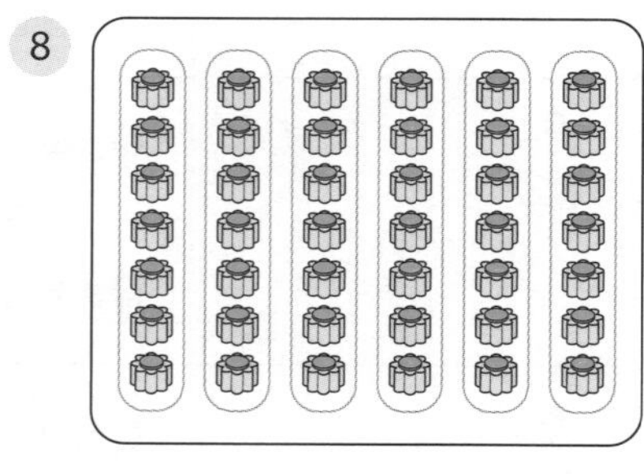

$7 \times \square = \square$

9
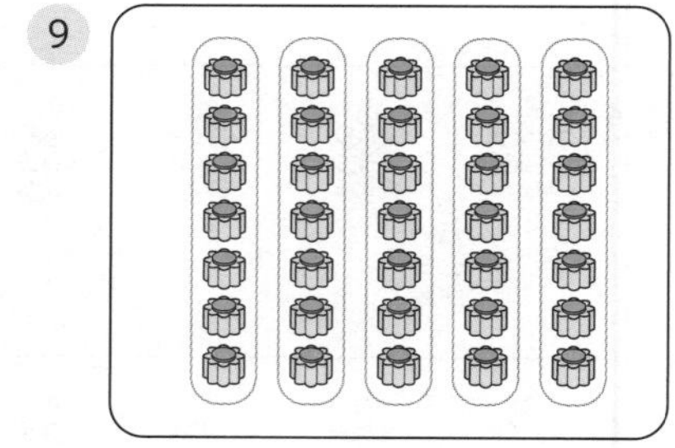

$\square \times 5 = \square$

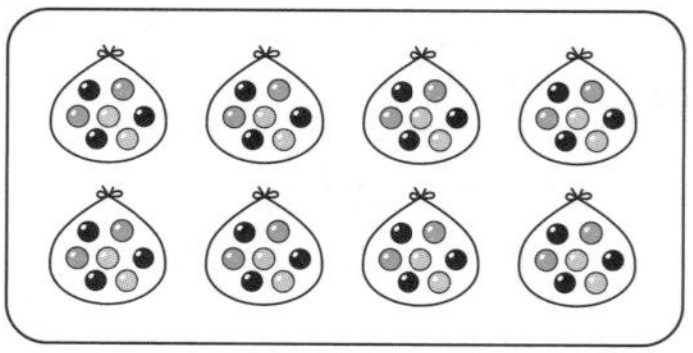

$7 \times \square = \square$

11
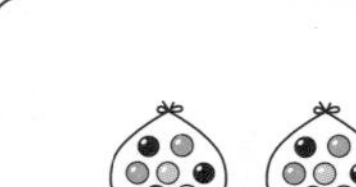

$\square \times 3 = \square$

12
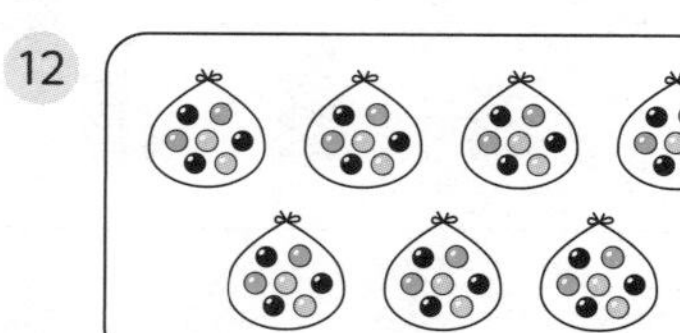

$7 \times \square = \square$

 풍선의 개수를 7단 곱셈구구로 나타내어 보세요.

1

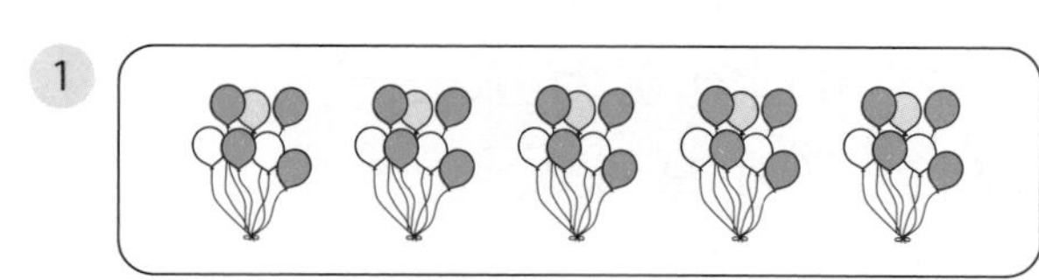

7	×	5	=	3	5

2

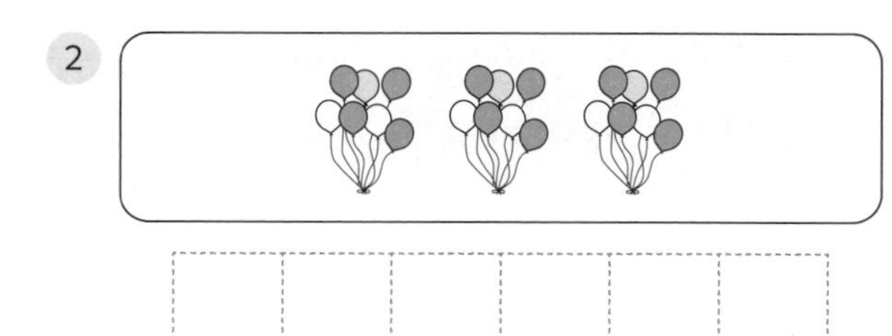

3

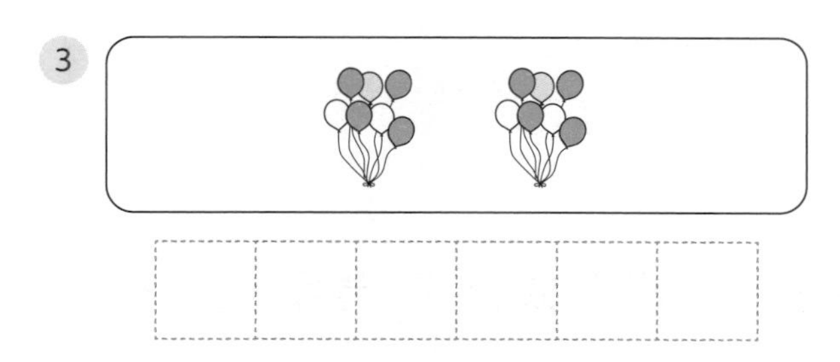

4

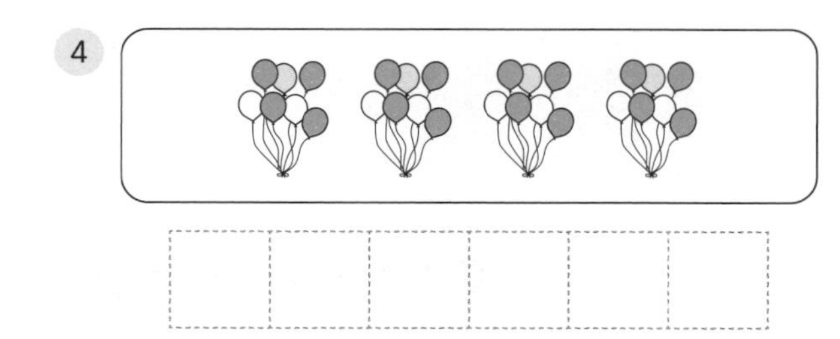

5

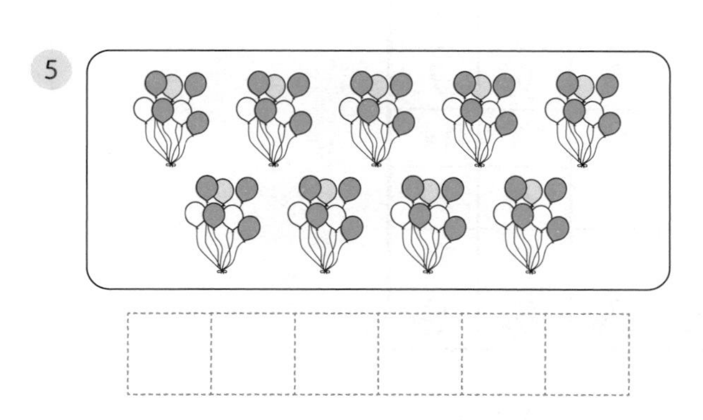

6

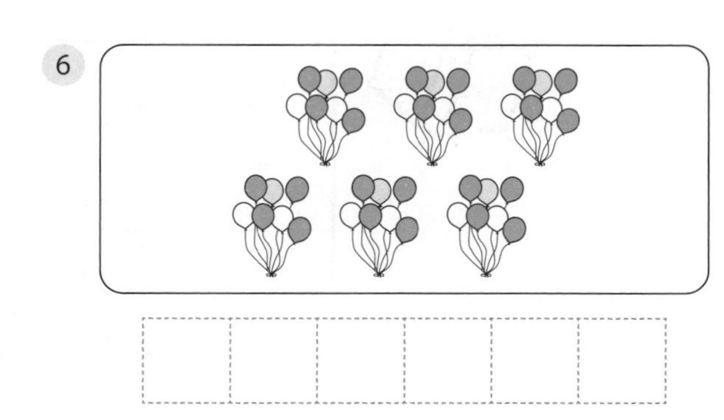

7

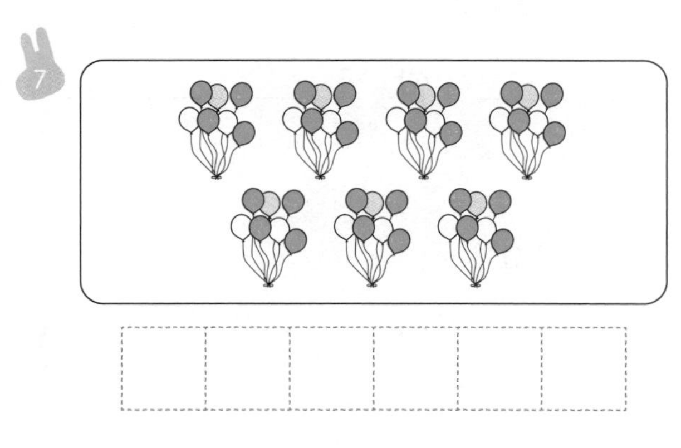

8

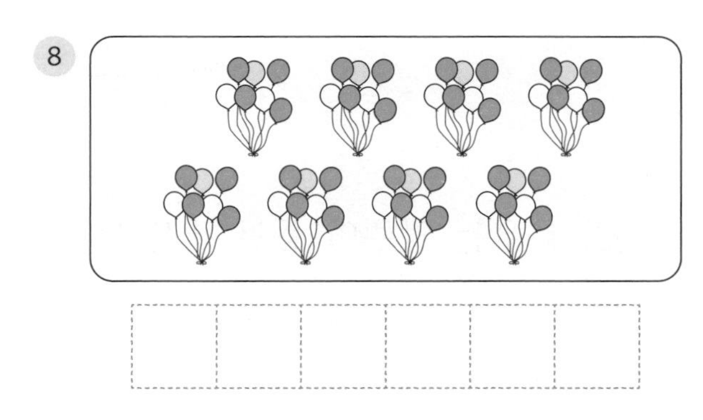

9

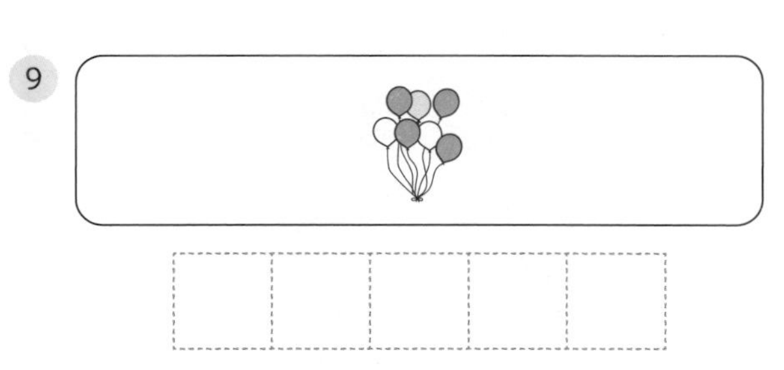

10

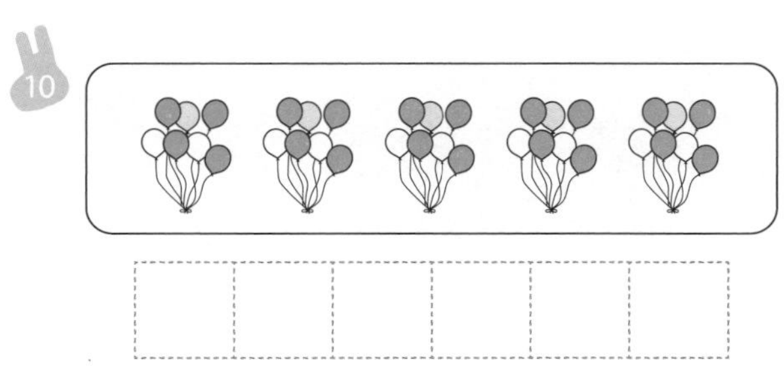

문제를 해결해 보세요.

1 구슬이 한 상자에 7개씩 들어 있습니다. 상자 6개에 들어 있는 구슬은 모두 몇 개인가요? 곱셈식으로 나타내고 답을 구해 보세요.

식____________ **답**____________개

2 춘우는 새해 1월 1일부터 한 달 동안 매일 7쪽씩 책을 읽었습니다. 물음에 답하세요.

일	월	화	수	목	금	토
1	2	3	4	5	6	7
8	9	10	11	12	13	14
15	16	17	18	19	20	21
22	23	24	25	26	27	28
29	30	31				

(1) 춘우는 1월 3일까지 책을 모두 몇 쪽 읽었나요?

식____________ **답**____________쪽

(2) 춘우는 일주일 동안 책을 모두 몇 쪽 읽었나요?

식____________ **답**____________쪽

개념 다시보기

그림을 보고 ☐ 안에 알맞은 수를 써넣으세요.

1
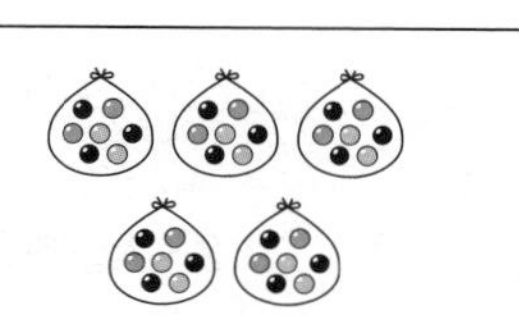

7×☐=☐

2

7×☐=☐

3
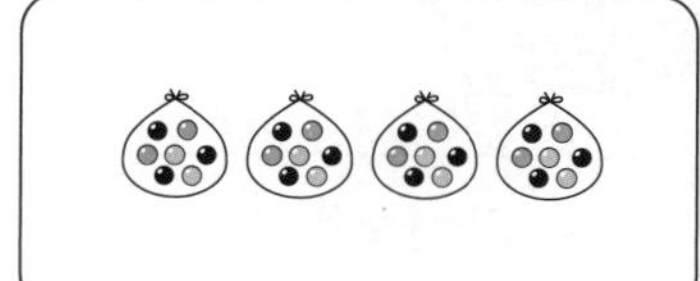

7×☐=☐

4
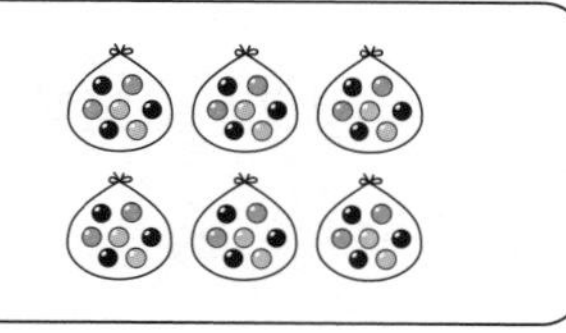

7×☐=☐

5
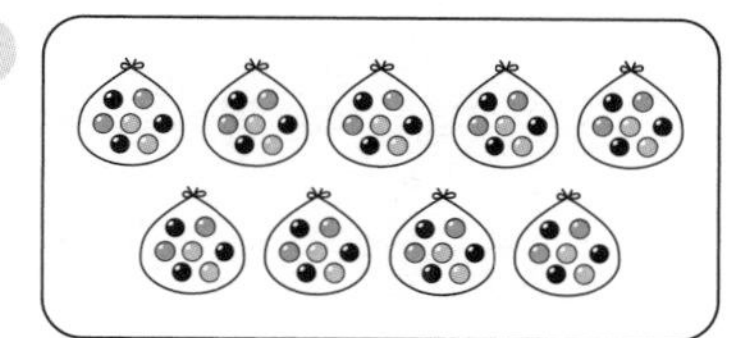

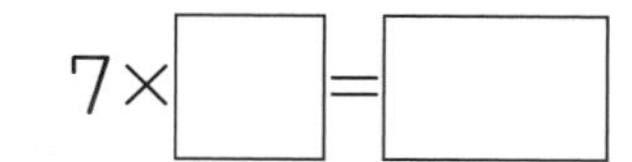

7×☐=☐

6
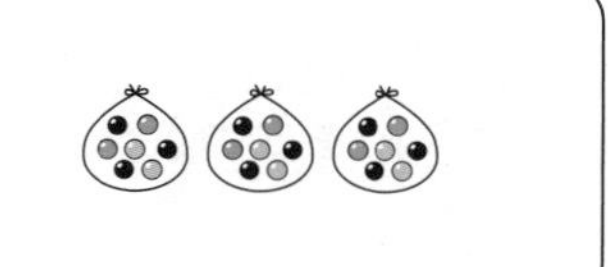

7×☐=☐

7

7×☐=☐

8
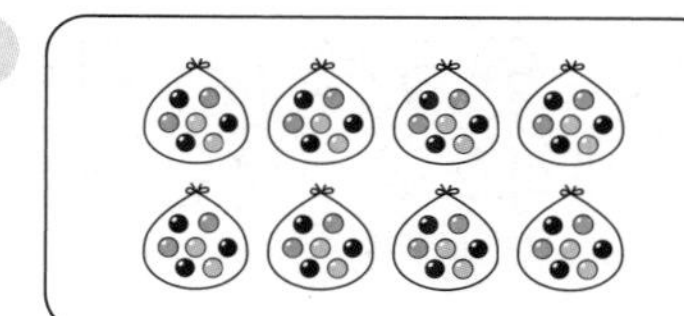

7×☐=☐

9
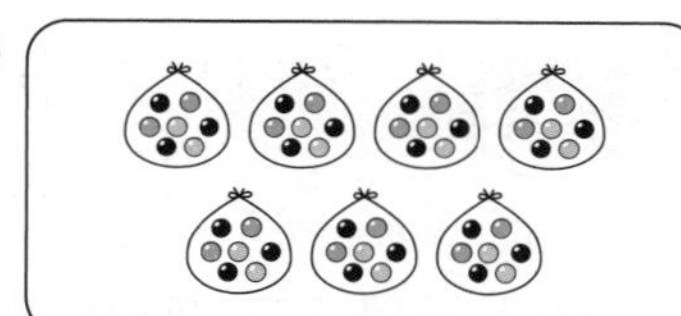

7×☐=☐

도전해 보세요

1 7단 곱셈구구에 나오는 값을 모두 찾아 ◯표 하세요.

49	55	56	14	27
32	7	10	61	35
57	19	28	17	24
21	30	63	42	39

2 계산해 보세요.

(1) 9×2=

(2) 9×4=

10단계 곱셈구구-9단

개념연결

2-1곱셈	2-1곱셈		2-2곱셈구구
몇의 몇 배	곱셈식	9단 곱셈구구	1단 곱셈구구
9의 3배 → 27	9+9+9 → 9×3=27	9×3=27	1×9=9

배운 것을 기억해 볼까요?

1

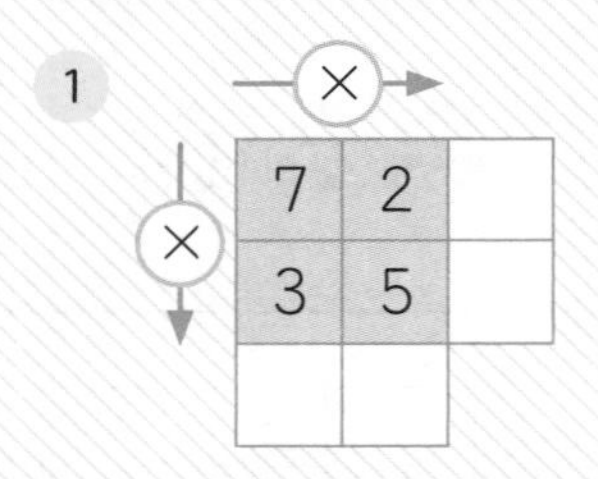

2 (1)

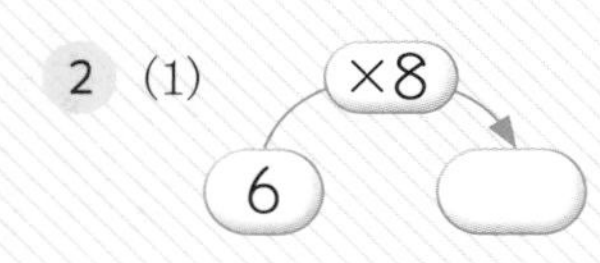

(2)

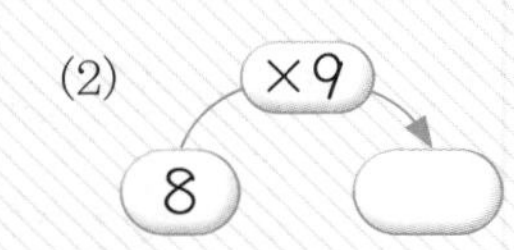

9단 곱셈구구를 알 수 있어요.

30초 개념

9×1=9, 9×2=18, 9×3=27, …과 같이 9에 1부터 9까지의 수를 각각 곱하여 곱셈식으로 나타낸 것을 9단 곱셈구구라고 해요.

9단 곱셈구구 계산하기

9×1=9	9×6=54
9×2=18 (+9)	9×7=63 (+9)
9×3=27 (+9)	9×8=72 (+9)
9×4=36 (+9)	9×9=81 (+9)
9×5=45 (+9)	9단 곱셈구구는 곱이 9씩 커져요.

이런 방법도 있어요!

수직선을 이용하여 곱셈구구를 계산할 수 있어요.

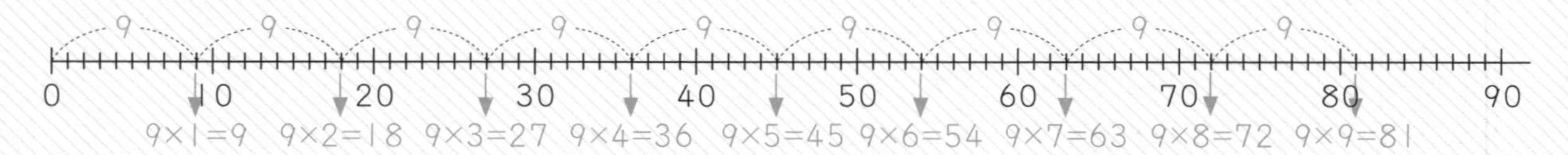

구슬의 개수를 덧셈식과 곱셈식으로 구해 보세요.

1	곱셈식 $9 \times 1 =$ [9]
2	덧셈식 $9+9=18$
	곱셈식 $9 \times$ [2] $=$ [18]
3	덧셈식 $9+9+9=27$
	곱셈식 $9 \times$ [ ] $=$ [ ]
4	덧셈식
	곱셈식 $9 \times$ [ ] $=$ [ ]
5	덧셈식
	곱셈식 $9 \times$ [ ] $=$ [ ]
6	덧셈식
	곱셈식 $9 \times$ [ ] $=$ [ ]
7	덧셈식
	곱셈식 $9 \times$ [ ] $=$ [ ]
8	덧셈식
	곱셈식 $9 \times$ [ ] $=$ [ ]
9	덧셈식
	곱셈식 $9 \times$ [ ] $=$ [ ]

개념 다지기

 그림을 보고 □ 안에 알맞은 수를 써넣으세요.

1

$9\times2=18$

2

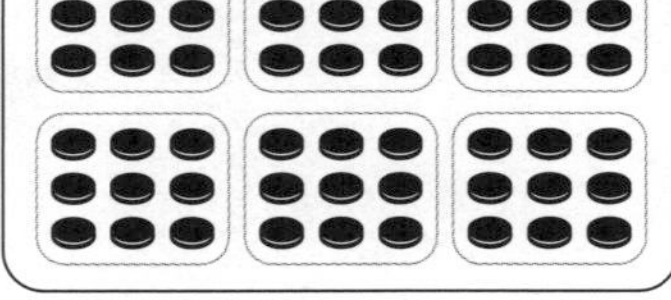

$9\times\square=\square$

3

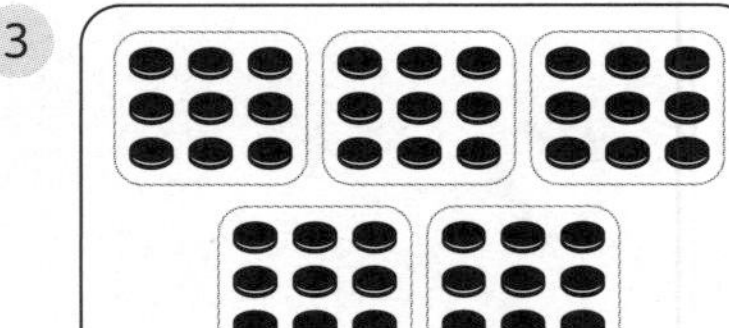

$\square\times5=\square$

4

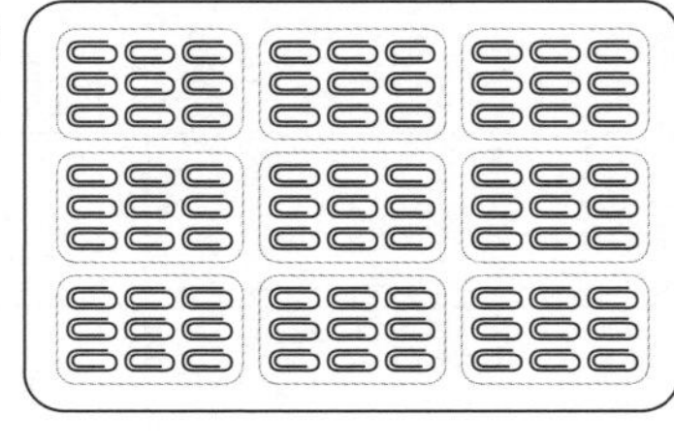

$9\times\square=\square$

5

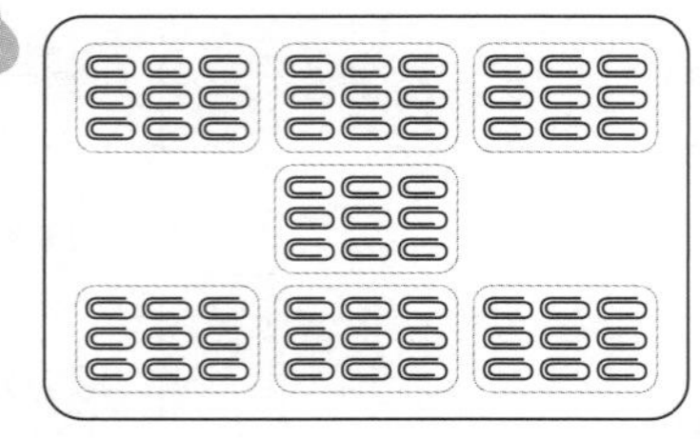

$\square\times7=\square$

6

$9\times\square=\square$

7

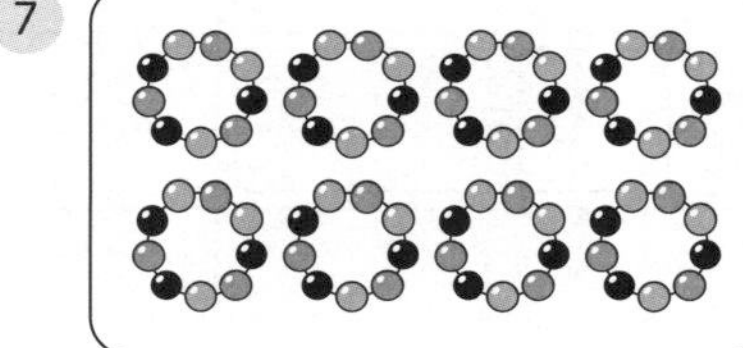

$\square\times8=\square$

8

$9\times\square=\square$

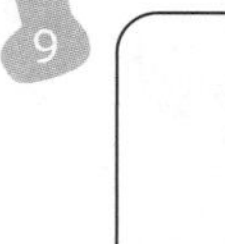

9

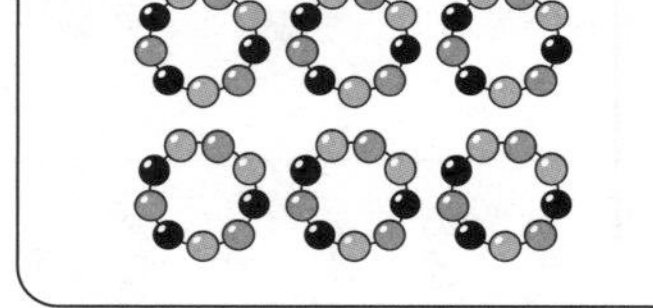

$9\times\square=\square$

10

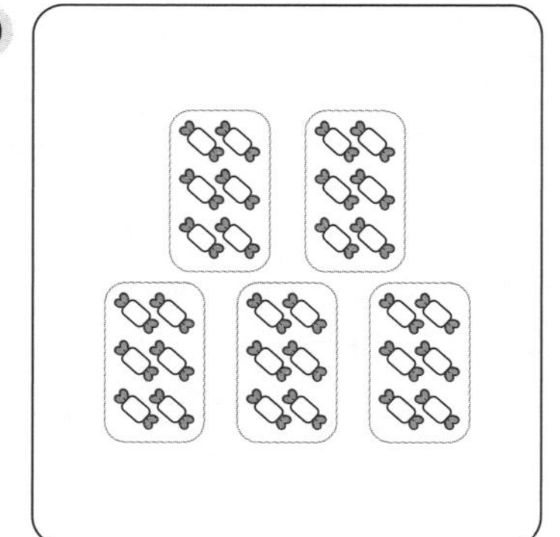

$\square\times5=\square$

11

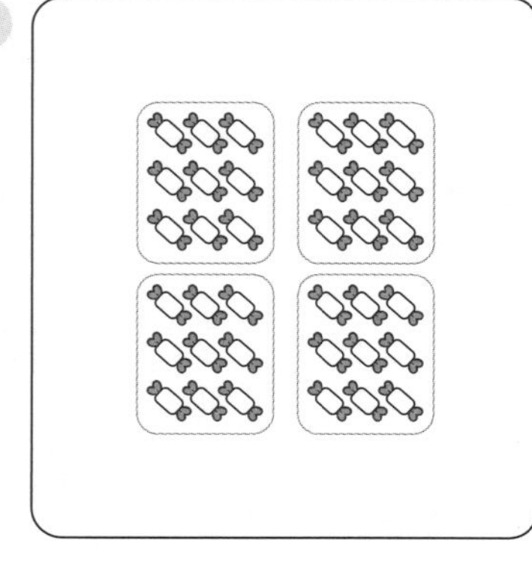

$9\times\square=\square$

12

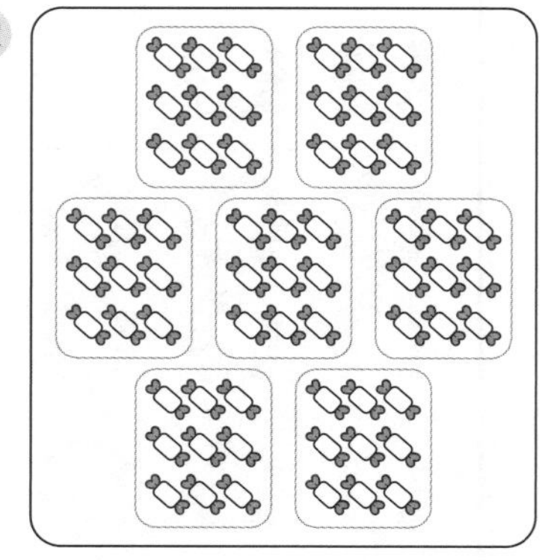

$\square\times7=\square$

초콜릿의 개수를 9단 곱셈구구로 나타내어 보세요.

1

9	×	5	=	4	5

2

3

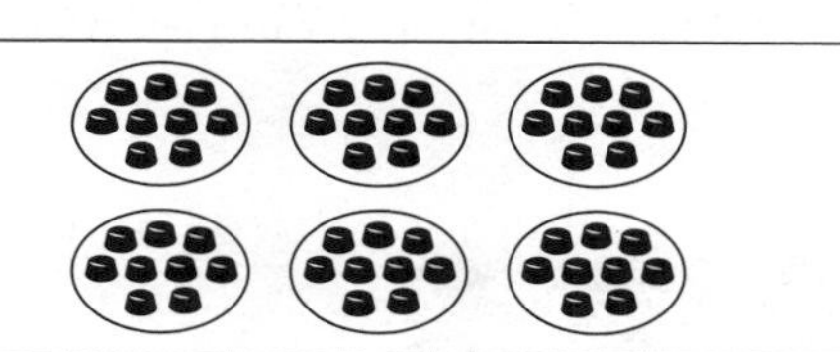

4

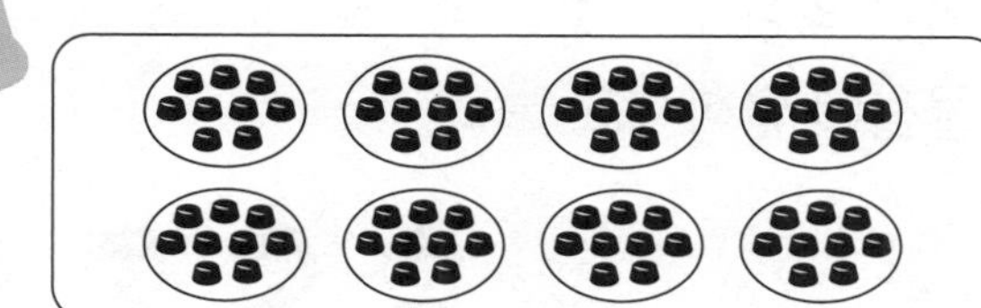

5

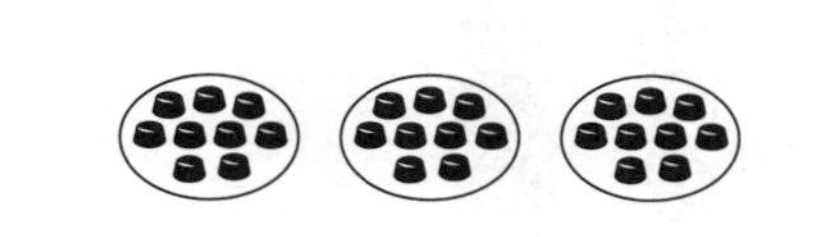

6

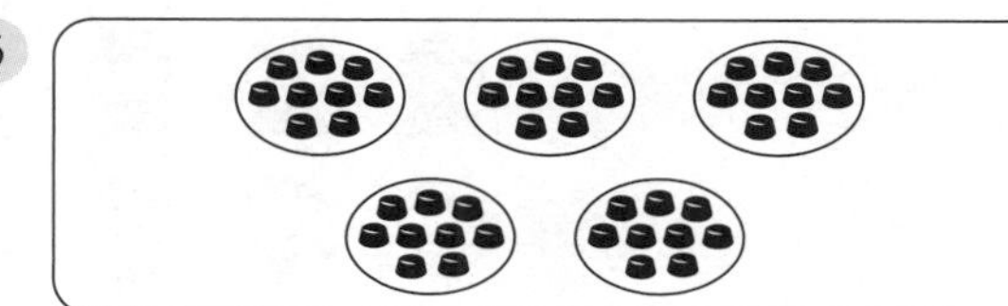

7

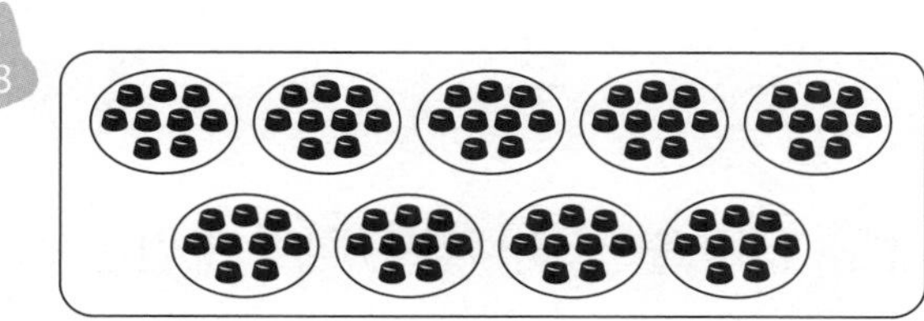

8

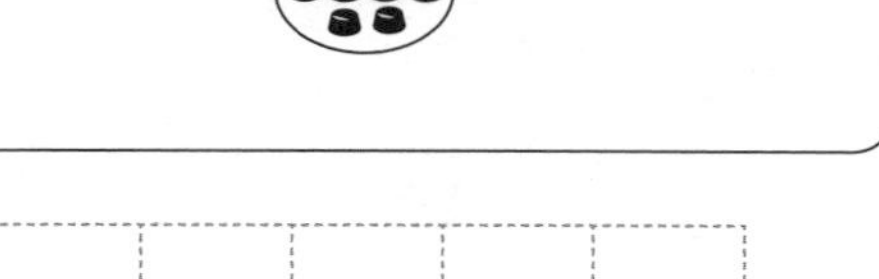

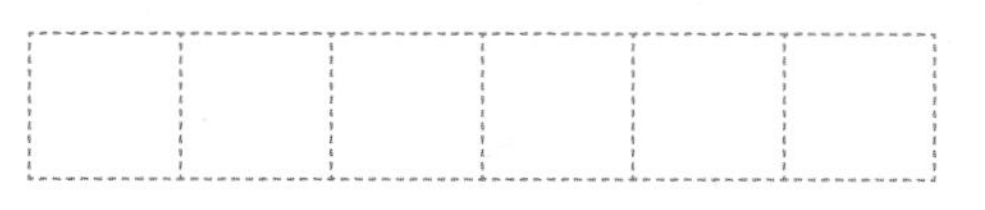

9

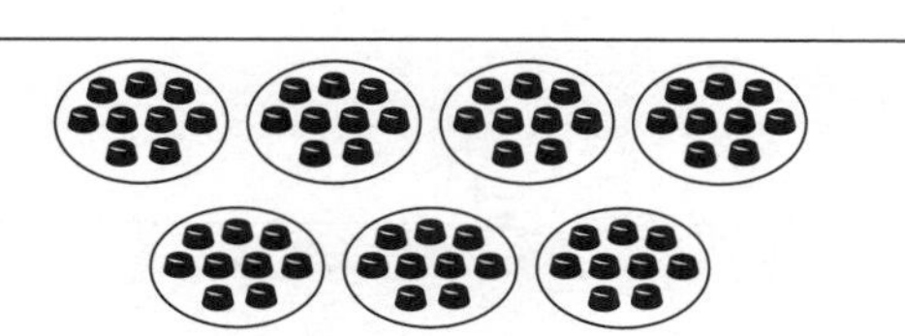

10

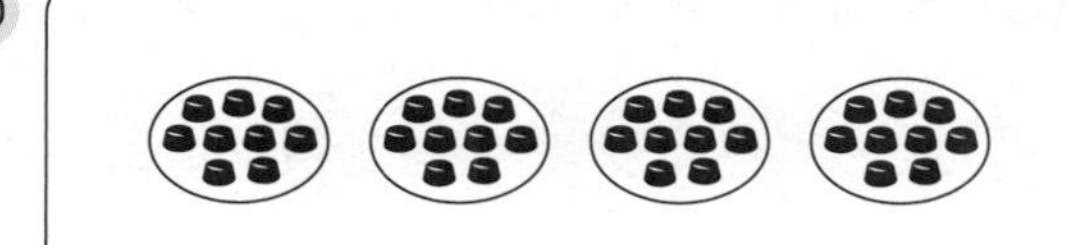

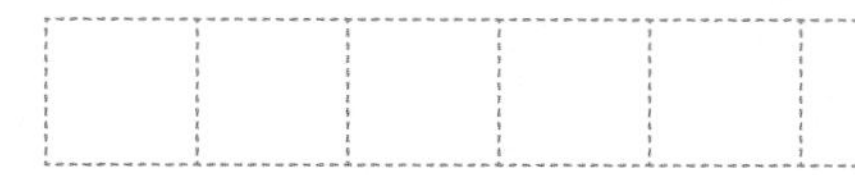

개념 키우기

문제를 해결해 보세요.

1 음료수가 한 상자에 9개씩 들어 있습니다. 상자 6개에 들어 있는 음료수는 모두 몇 개인가요? 곱셈식으로 나타내고 답을 구해 보세요.

식 ____________ 답 ____________개

2 국군 의장대가 멋진 행진을 하고 있습니다. 의장대원은 각 줄에 9명씩입니다. 물음에 답하세요.

(1) 안경을 쓴 의장대원은 모두 몇 명인가요?

식 ____________ 답 ____________명

(2) 안경을 쓰지 않은 의장대원은 모두 몇 명인가요?

식 ____________ 답 ____________명

(3) 의장대원은 모두 몇 명인가요?

식 ____________ 답 ____________명

개념 다시보기

그림을 보고 □ 안에 알맞은 수를 써넣으세요.

1

$9\times\square=\square$

2

$9\times\square=\square$

3

$9\times\square=\square$

4

$9\times\square=\square$

5

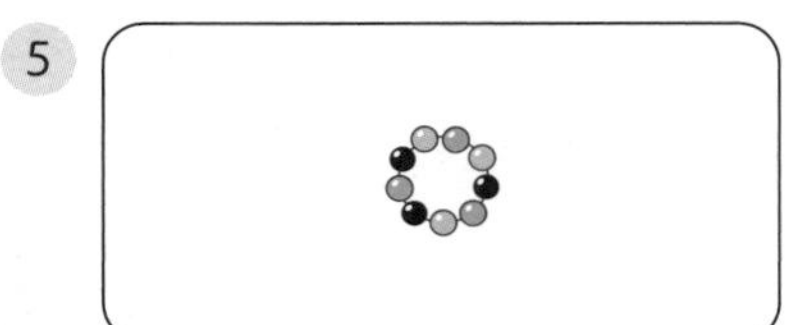

$9\times\square=\square$

6

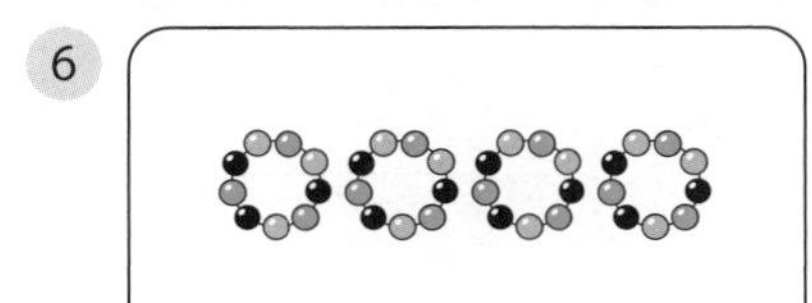

$9\times\square=\square$

7

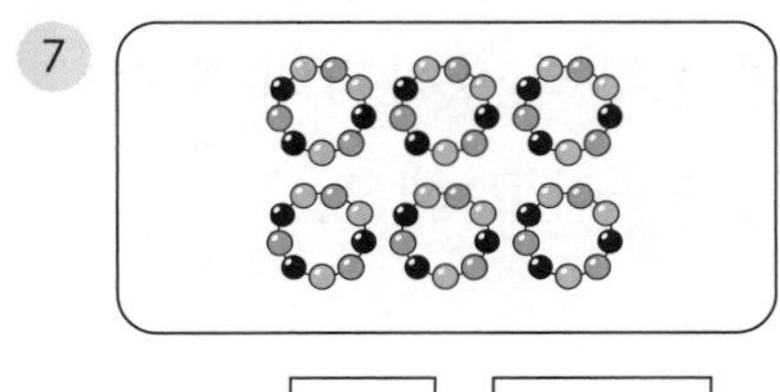

$9\times\square=\square$

8

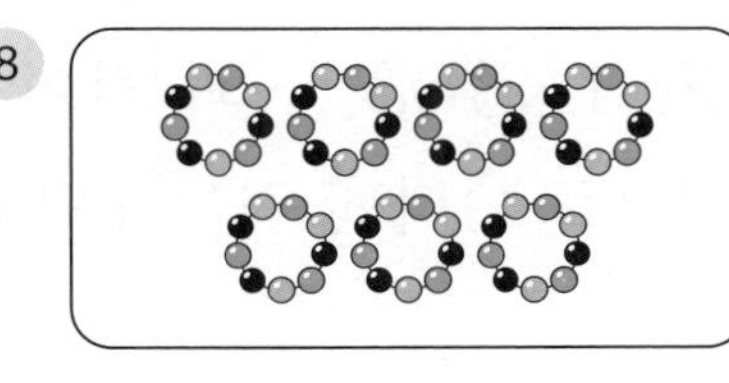

$9\times\square=\square$

9

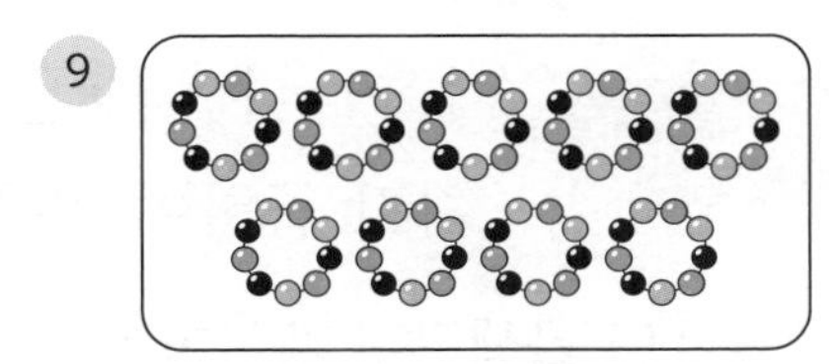

$9\times\square=\square$

도전해 보세요

1 **'나'**는 어떤 수인가요?

나

- 9단 곱셈구구의 값이에요.
- 7단 곱셈구구의 값이에요.
- 숫자 6이 있어요.

(   )

2 계산해 보세요.

(1) $1\times5=$

(2) $0\times5=$

11단계 I단 곱셈구구와 0의 곱

개념연결

2-1곱셈	2-1곱셈		2-2곱셈구구
몇의 몇 배	곱셈식	I단 곱셈구구와 0의 곱	곱셈표 만들기
I의 3배 → 3	I+I+I → I×3=3	I×3=3	× I 2 / 2 2 4

배운 것을 기억해 볼까요?

1

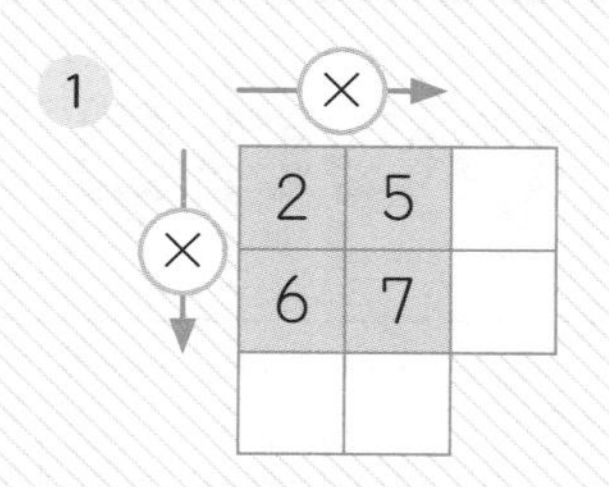

2

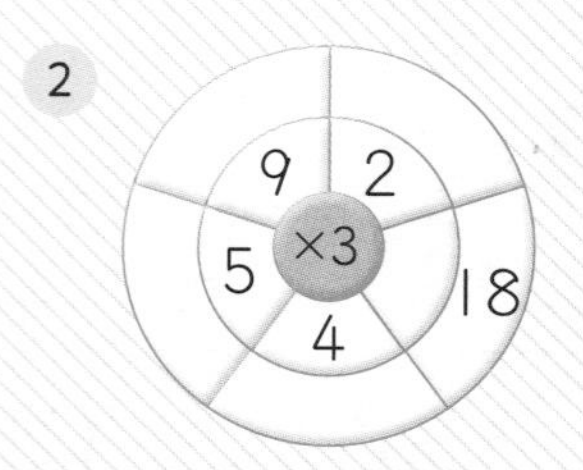

I단 곱셈구구와 0의 곱을 알 수 있어요.

30초 개념

I×I=I, I×2=2, I×3=3, …과 같이 I에 I부터 9까지의 수를 각각 곱하여 곱셈식으로 나타낸 것을 I단 곱셈구구라고 해요.

I단 곱셈구구 계산하기

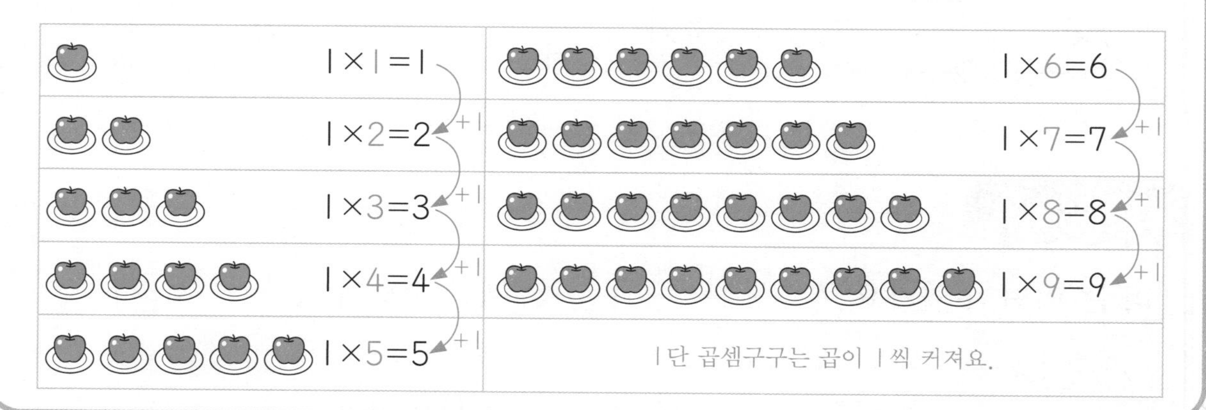

I×I=I	I×6=6
I×2=2 (+I)	I×7=7 (+I)
I×3=3 (+I)	I×8=8 (+I)
I×4=4 (+I)	I×9=9 (+I)
I×5=5 (+I)	I단 곱셈구구는 곱이 I씩 커져요.

이런 방법도 있어요!

1단 곱셈구구

- I ×(어떤 수)=(어떤 수)
- (어떤 수)× I =(어떤 수)

0의 곱

- 0×(어떤 수)=0
- (어떤 수)×0=0

 과일은 모두 몇 개인지 □ 안에 알맞은 수를 써넣으세요.

1

1 × 2 = 2

2

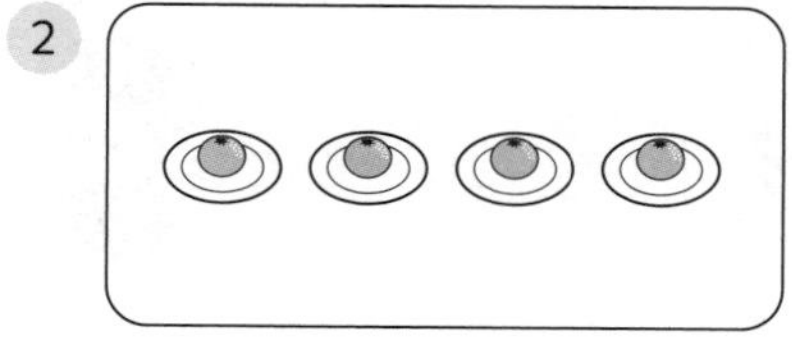

1 × □ = □

3

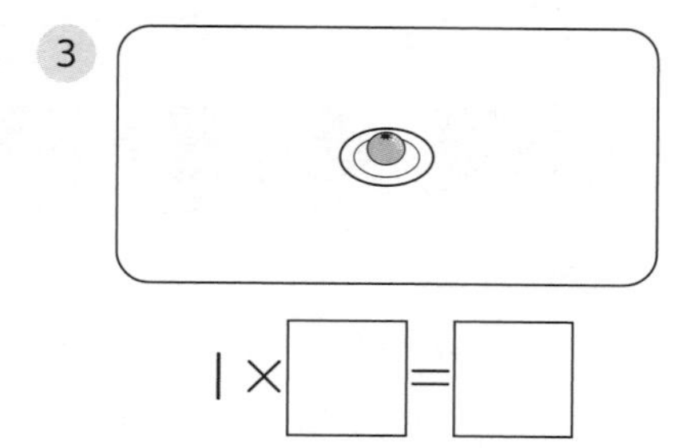

1 × □ = □

4

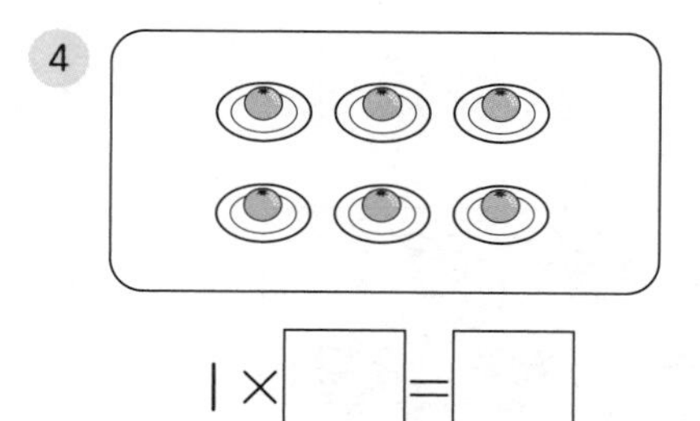

1 × □ = □

5

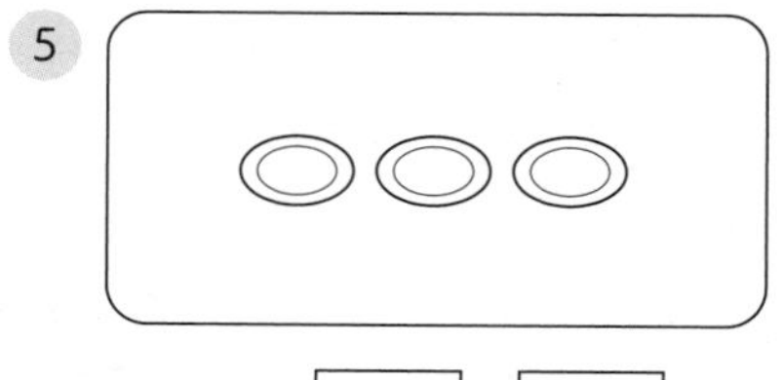

0 × □ = □

6

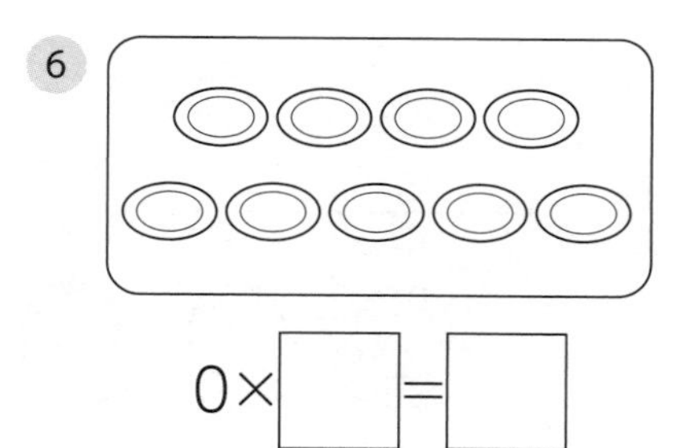

0 × □ = □

7

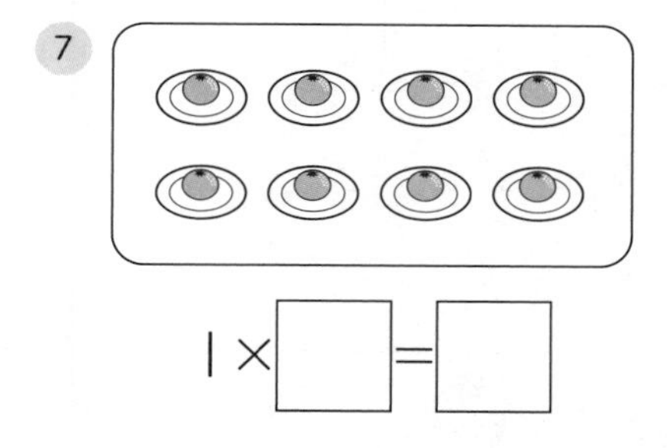

1 × □ = □

8

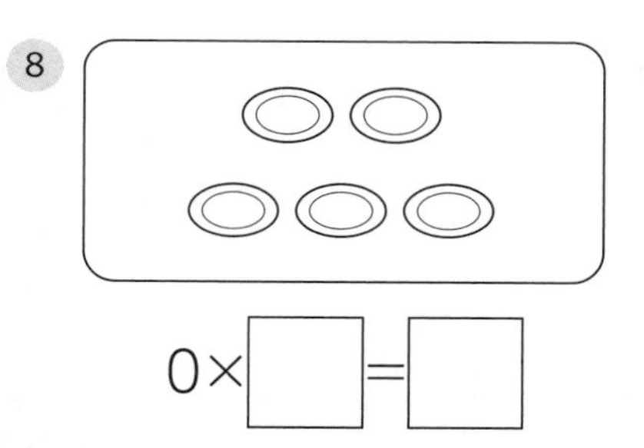

0 × □ = □

9

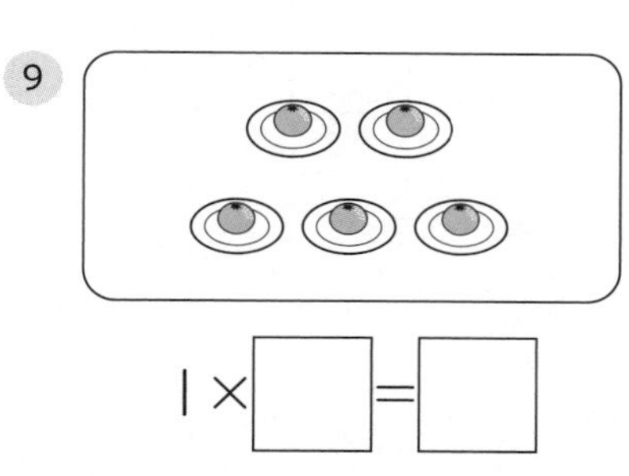

1 × □ = □

10

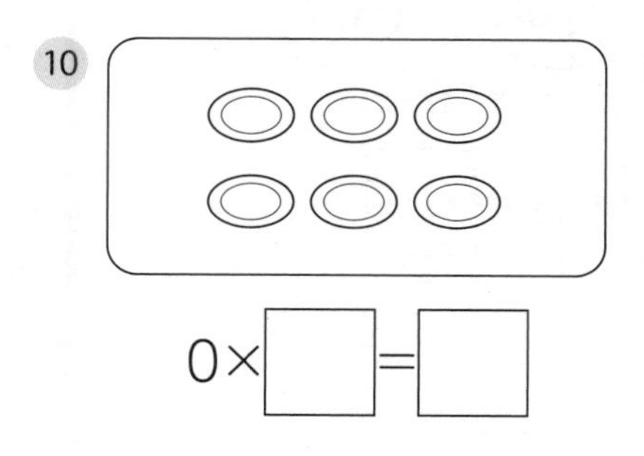

0 × □ = □

11

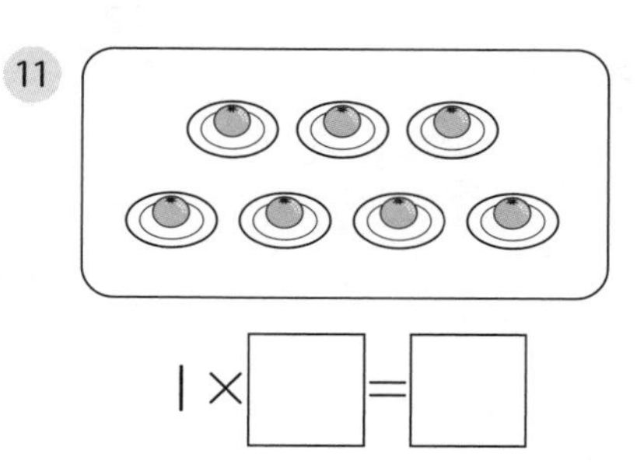

1 × □ = □

12

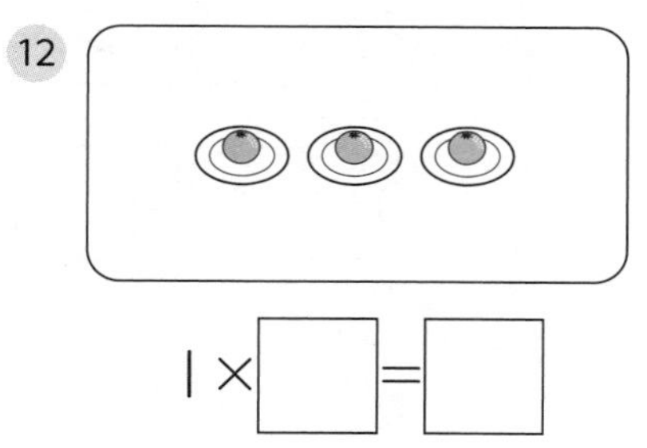

1 × □ = □

13

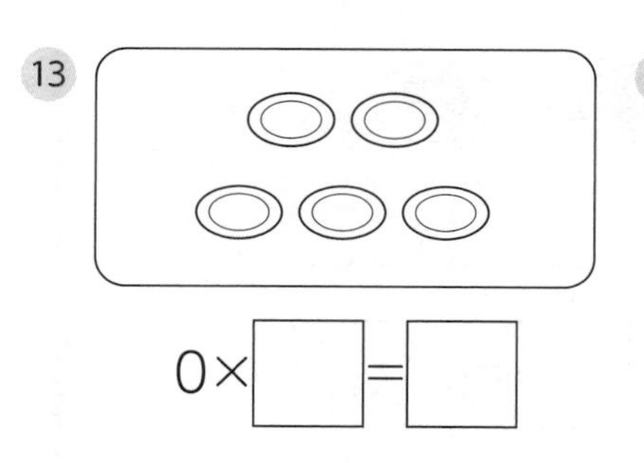

0 × □ = □

14

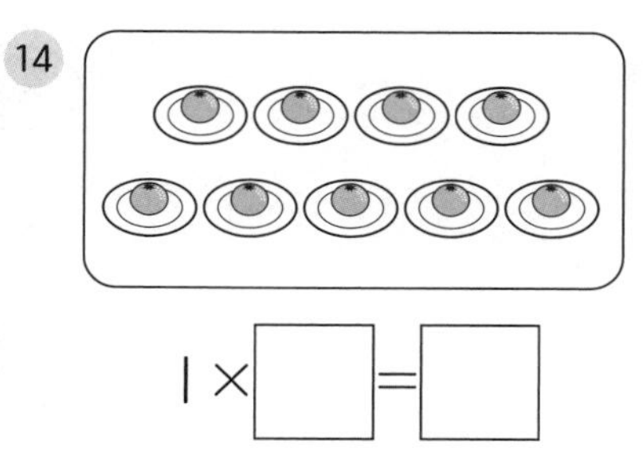

1 × □ = □

15

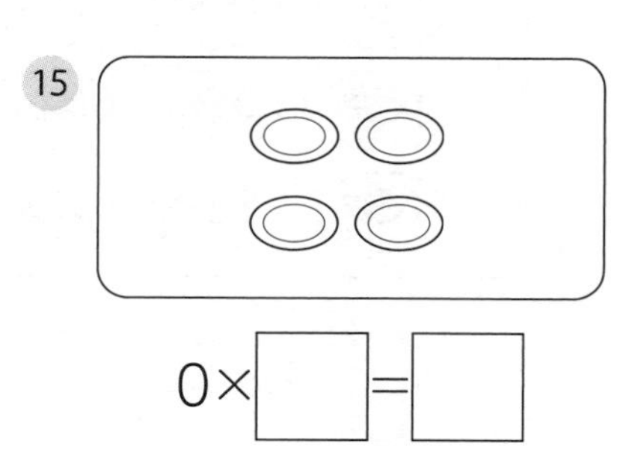

0 × □ = □

개념 다지기

 접시 위에 놓인 것은 모두 몇 개인지 □ 안에 알맞은 수를 써넣으세요.

1

1 × 4 = 4

2

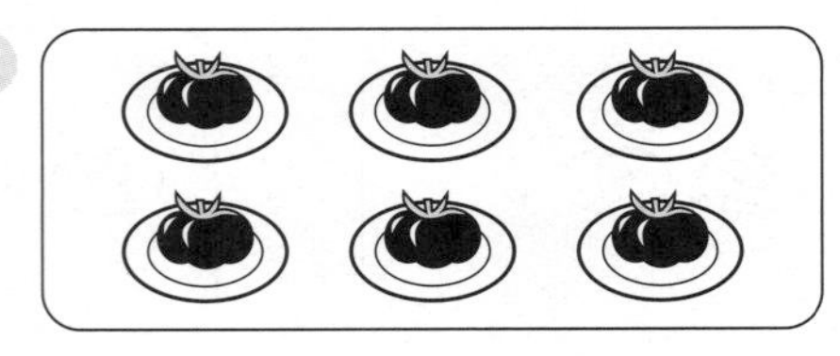

□ × 6 = □

3

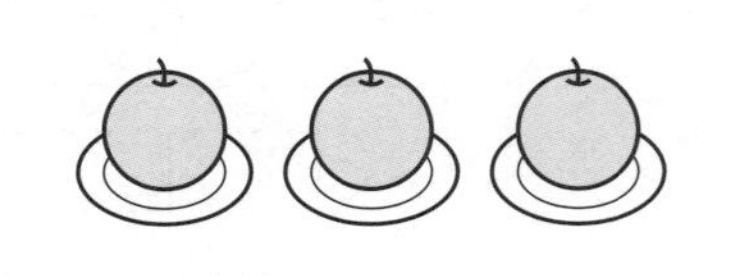

□ × 3 = □

4

1 × □ = □

5

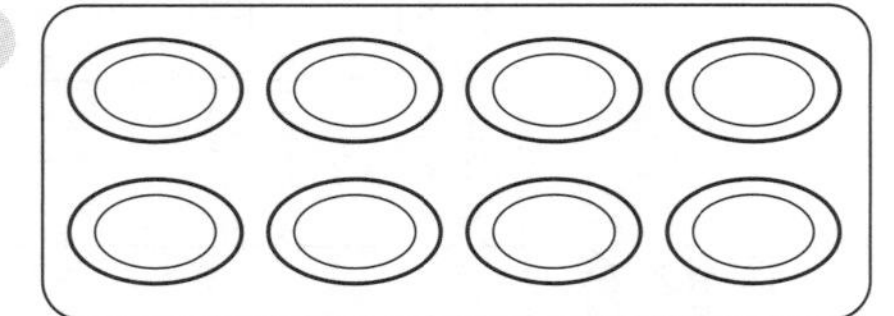

0 × □ = □

6

□ × 5 = □

7

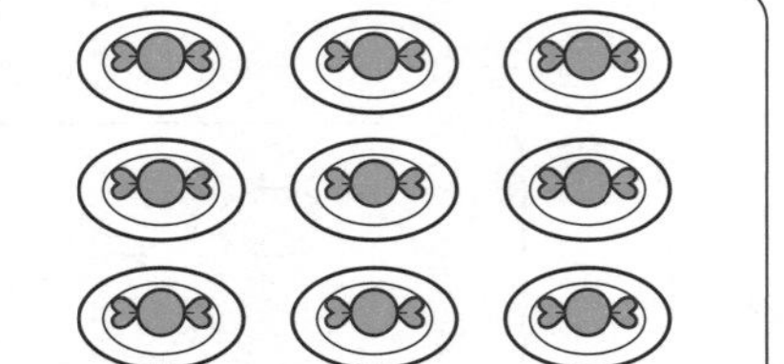

□ × 9 = □

8

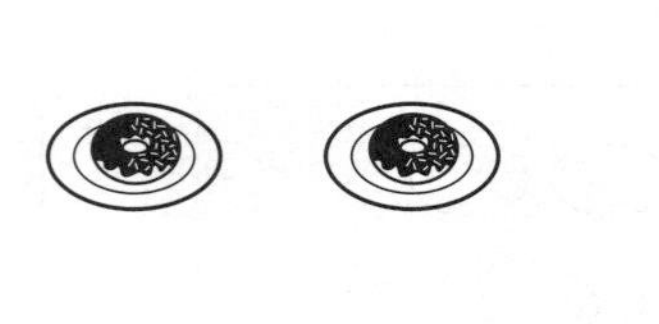

1 × □ = □

빵의 개수를 1단 곱셈구구와 0의 곱셈으로 나타내어 보세요.

1

1	×	3	=	3

2

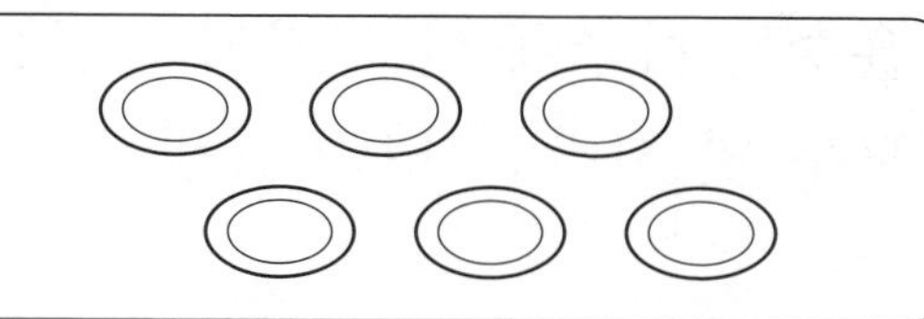

0	×	6	=	0

3

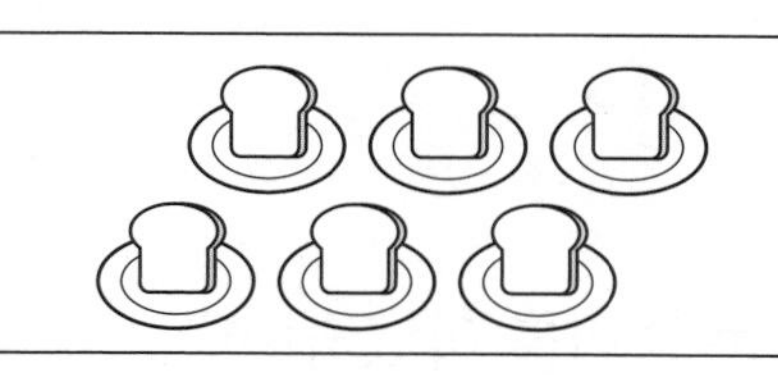

4

5

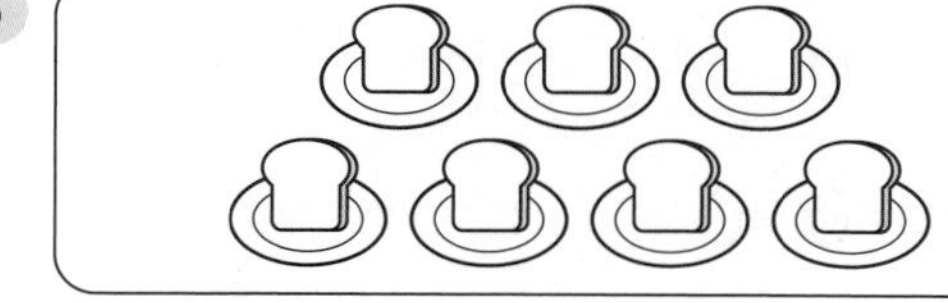

6

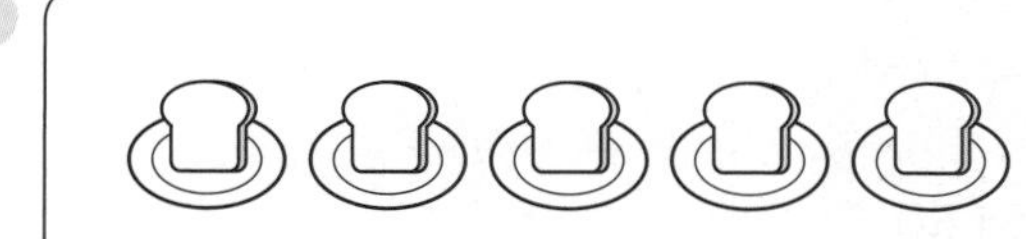

7

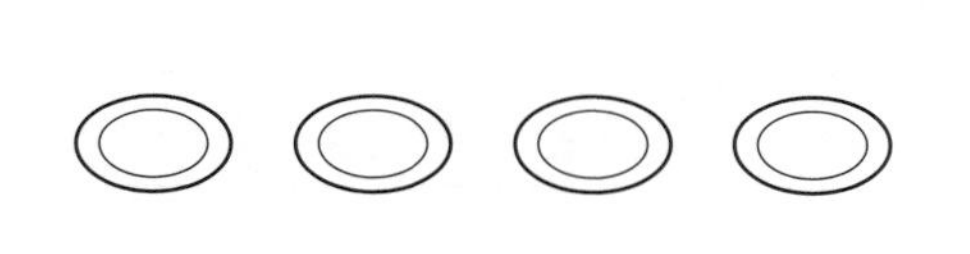

8

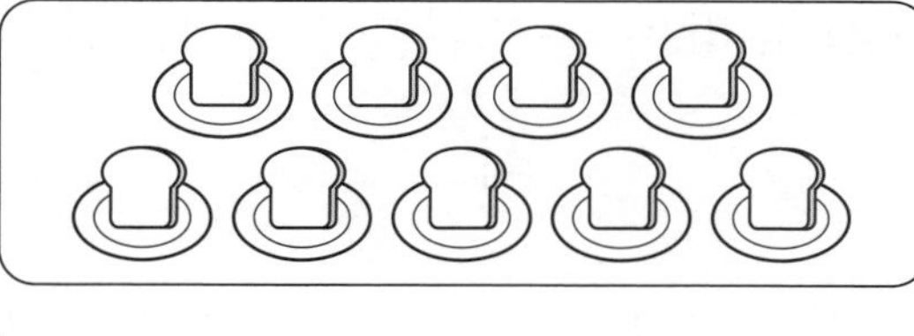

9

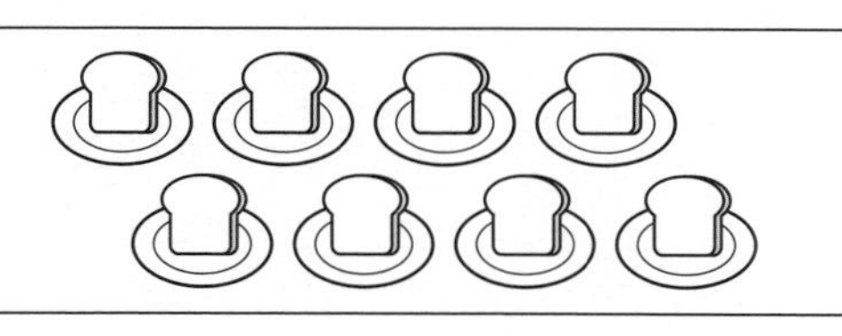

10

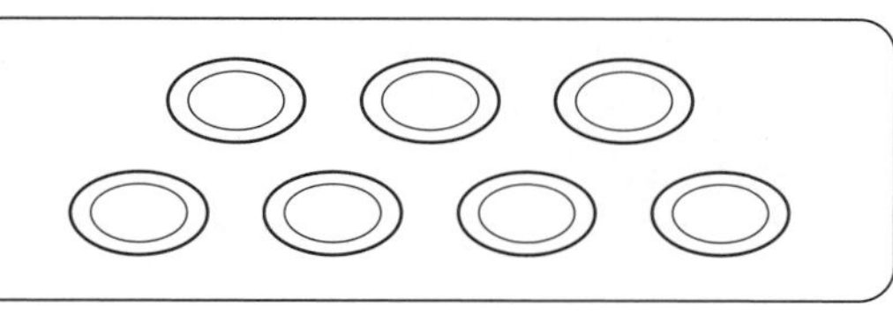

문제를 해결해 보세요.

1 윤수는 하루에 한 시간씩 운동을 합니다. 윤수가 5일 동안 운동한 시간은 모두 몇 시간인가요? 곱셈식으로 나타내고 답을 구해 보세요.

식 ________________ **답** ____________시간

2 유리는 주사위를 던져 나온 눈의 수만큼 점수를 얻는 놀이를 하였습니다. 물음에 답하세요.

주사위 눈	1	2	3	4	5	6
나온 횟수(번)	3	1	2	0	1	0
점수(점)			$3\times2=6$	$4\times0=0$		

(1) 빈칸에 알맞은 곱셈식을 써 보세요.

(2) 유리는 주사위를 모두 몇 번 던졌나요?

식 ________________ **답** ____________번

(3) 유리가 얻은 점수는 몇 점인가요?

식 ________________ **답** ____________점

개념 다시보기

그림을 보고 □ 안에 알맞은 수를 써넣으세요.

1 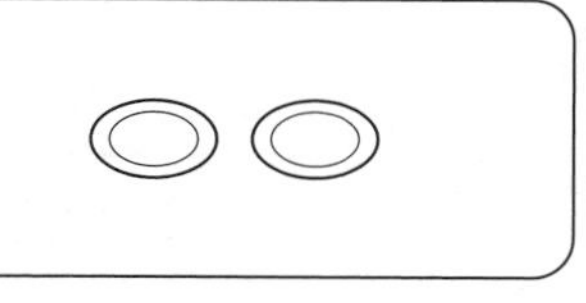

$0 \times \square = \square$

2 

$1 \times \square = \square$

3 

$1 \times \square = \square$

4 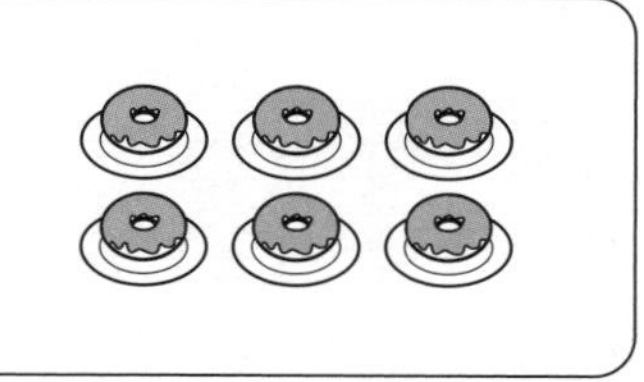

$1 \times \square = \square$

5 

$1 \times \square = \square$

6 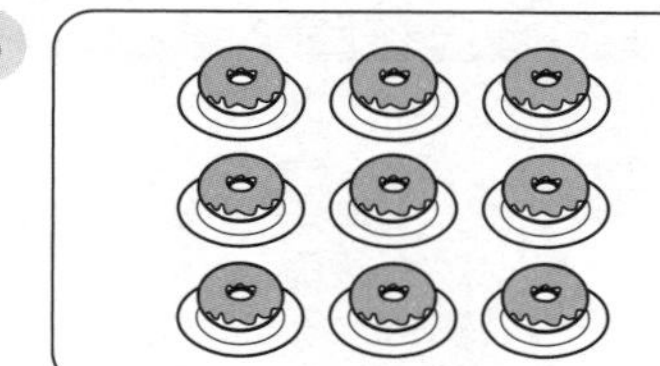

$1 \times \square = \square$

7 

$1 \times \square = \square$

8 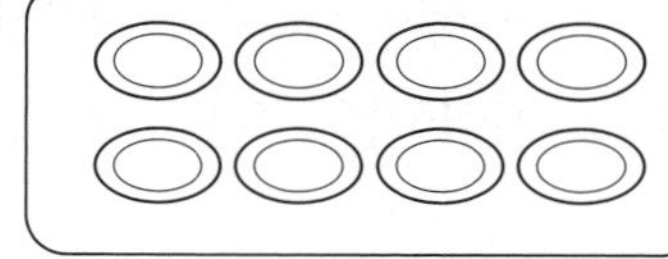

$0 \times \square = \square$

9 

$1 \times \square = \square$

도전해 보세요

1 효빈이네 반의 달리기 경주 결과는 1등 5명, 2등 0명, 3등 2명입니다. 효빈이네 반의 달리기 점수는 모두 몇 점인가요?

등수	1등	2등	3등
점수	3점	2점	1점

(　　　　　　)점

2 ㉠과 ㉡의 합을 구해 보세요.

6×㉠=0　　㉡×3=3

(　　　　　　)

12단계 곱셈표 만들기

개념연결

2-2곱셈구구	2-2곱셈구구	곱셈표 만들기	3-1곱셈
2~9단 곱셈구구 9×5=45	1단 곱셈구구와 0의 곱셈 0×1=0	×12 224	(몇십몇)×(몇) 12×3=36

배운 것을 기억해 볼까요?

1
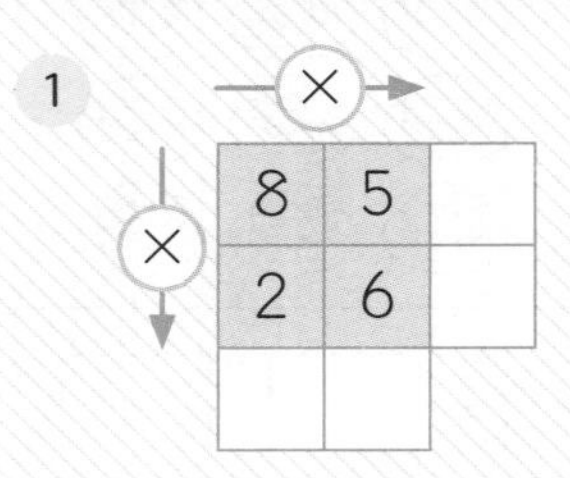

2
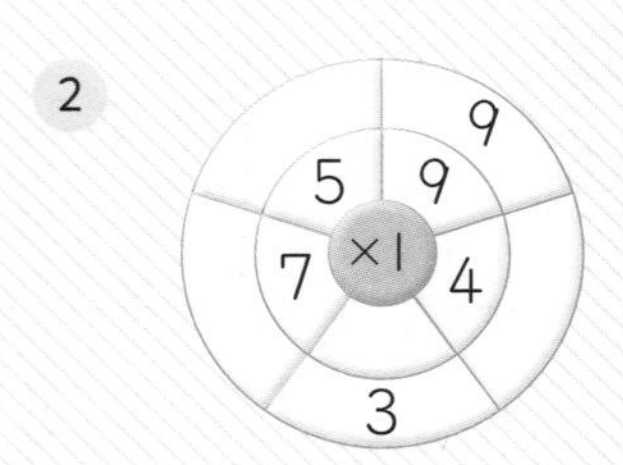

곱셈표를 만들 수 있어요.

30초 개념 곱셈구구와 0의 곱을 이용하여 여러 가지 곱셈표를 만들 수 있어요.

곱셈표 만들기

① 가로줄에 곱하는 수를 쓰고, 세로줄에 곱해지는 수를 써요.

② 두 줄이 만나는 칸에 두 수의 곱을 써요.

×	0	1	2	3	4	5	6	7	8	9
2	0 2×0	1 2×1	4 2×2	6 2×3	8 2×4	10 2×5	12 2×6	14 2×7	16 2×8	18 2×9
3	0 3×0	3 3×1	6 3×2	9 3×3	12 3×4	15 3×5	18 3×6	21 3×7	24 3×8	27 3×9

→ 곱하는 수

↓ 곱해지는 수

같은 줄의 곱은 일정하게 커져요.

이런 방법도 있어요!

- 곱하는 두 수의 순서를 서로 바꾸어도 곱이 같아요.

  예 4×5=20, 5×4=20

- 곱이 같은 곱셈구구를 여러 개 찾을 수 있어요.

  예 3×8=24, 4×6=24, 6×4=24, 8×3=24

개념 익히기

빈칸에 알맞은 수를 써넣고 물음에 답하세요.

1

×	0	1	2	3	4	5	6	7	8	9
2	0	2	4	6	8	10	12	14	16	18
4	0	4	8	12	16	20	24	28	32	36

- 2단 곱셈구구는 곱이 ☐씩 커져요.
- ☐단 곱셈구구는 곱이 4씩 커져요.

곱셈표의 가로줄과 세로줄이 만나는 칸에 두 수의 곱을 써요.

2

×	0	1	2	3	4	5	6	7	8	9
5	0	5		15			30	35	40	
6	0		12		24			42		54

- 5단 곱셈구구는 곱이 ☐씩 커져요.
- 6씩 커지는 곱셈구구는 ☐단이에요.

3

×	0	1	2	3	4	5	6	7	8	9
3	0		6		12			21		27
7	0	7				35	42		56	63
9	0	9		27			54			81

- 곱이 30보다 작은 곳에 모두 색칠해 보세요.
- 7 × 9와 곱이 같은 곱셈구구를 써보세요. ☐ × ☐

개념 다지기

곱셈표를 완성해 보세요.

1

×	1	2
2	2	
3		6

2

×	3	4
4		16
9	27	

3

×	5	6	7
2	10		
3			21
4		24	

4

×	4	5	6
5		25	
6			36
8	32		

5

×	2	3	4	5
0	0	0	0	0
1		3		
2	4			
3			12	

6

×	6	7	8	9
4	24			
5			40	
6				54
9		63		

7

×	3	7	5	6	9
5					45
1		7			
2	6				
4				24	
7			35		

8

×	1	4	2	7	8
6			12		
3				21	
9	9				
8					64
5		20			

곱셈표를 완성하고 물음에 답하세요.

×	1	2	3	4	5	6	7	8	9
1									
2									
3									
4									
5									
6									
7									
8									
9									

1 곱이 짝수인 곱셈구구를 찾아 모두 색칠해 보세요.

2 5단 곱셈구구는 곱이 몇씩 커지나요?

( )씩

3 9씩 커지는 곱셈구구는 몇 단 곱셈구구인가요?

☐단 곱셈구구

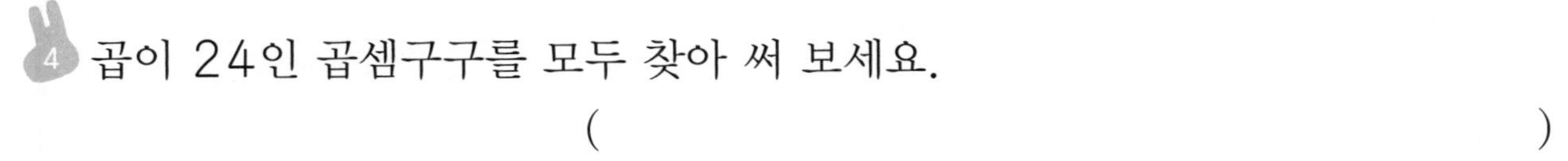
4 곱이 24인 곱셈구구를 모두 찾아 써 보세요.

( )

 문제를 해결해 보세요.

1 □ 안에 알맞은 수를 써넣고 알맞은 말에 ○표 하세요.

(1)

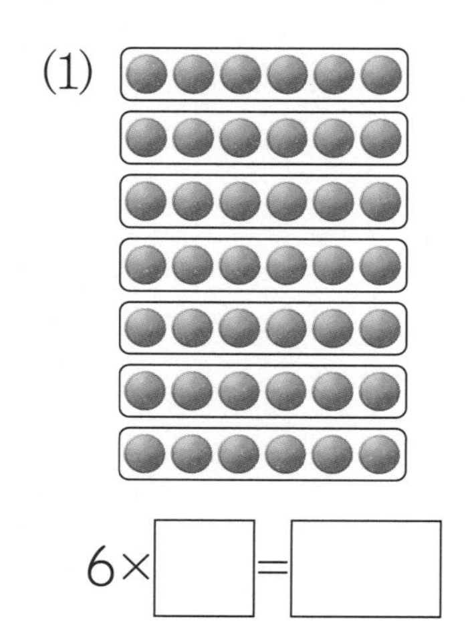

6×□=□

(2)

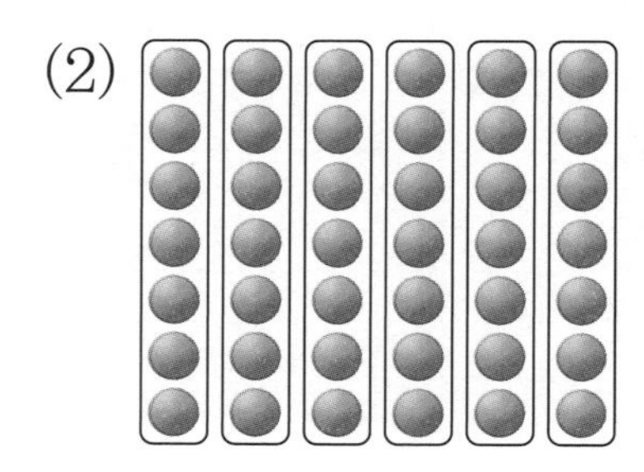

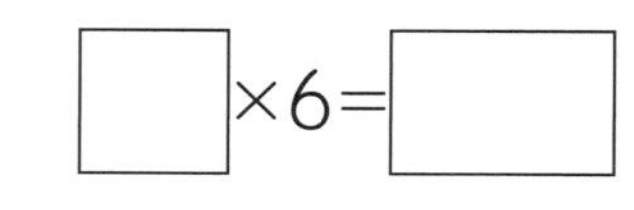

(3) 곱하는 두 수의 순서를 서로 바꾸면 곱이 (같습니다, 다릅니다).

2 곱셈구구를 이용하여 블록의 개수를 다양하게 계산해 보세요.

(1) 방법 1 3×2와 5×2를 더했어.

방법 2 ______________________

방법 3 ______________________

(2) 블록은 모두 몇 개인가요?

식 ______________________ 답 ______________________개

개념 다시보기

곱셈표를 완성해 보세요.

①

×	1	2
0		
1		

②

×	3	4
3		
4		

③

×	5	6
5		
6		

④

×	2	4	6
2			
4			
6			

⑤

×	7	8	9
7			
8			
9			

⑥

×	0	1	2	3	4	5	6	7	8	9
6										
7										

도전해 보세요

① 7단 곱셈구구에 나오는 값을 따라 미로를 탈출해 보세요.

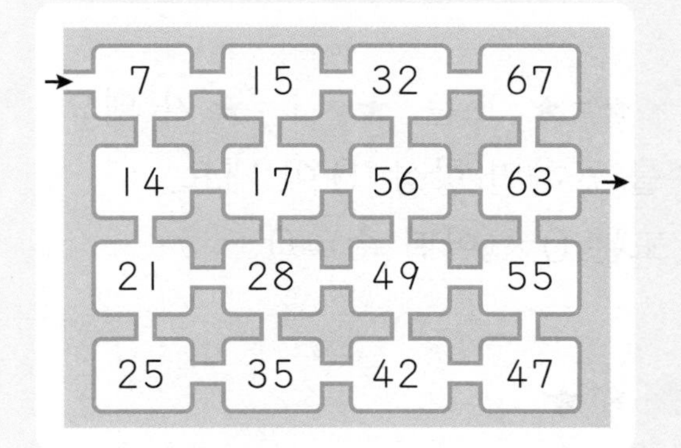

② 곱이 같은 것끼리 선으로 이어 보세요.

6×4 •	• 3×5
5×3 •	• 8×7
7×8 •	• 4×6

13단계 곱셈구구-1~9단, 0의 곱셈

개념연결

2-2곱셈구구	2-2곱셈구구	곱셈구구 연습	3-1곱셈
2~9단 곱셈구구	1단 곱셈구구와 0의 곱셈	곱셈구구 연습	(몇십몇)×(몇)
9×9=[81]	1×3=[3], 0×3=[0]	7×[8]=56	12×3=[36]

배운 것을 기억해 볼까요?

1

×	2	4
5		
7		

2

×	5	6	7
3			

곱셈구구를 할 수 있어요.

30초 개념 1~9단 곱셈구구의 원리를 알고 계산할 수 있어요.

곱셈구구 계산하기

곱셈구구의 원리를 알고 계산할 수 있어요.
★단 곱셈구구는 곱이 ★씩 커져요.

예
2단 곱셈구구는 곱이 2씩, 3단 곱셈구구는 곱이 3씩 커져요.
4단 곱셈구구는 곱이 4씩, 5단 곱셈구구는 곱이 5씩 커져요.
6단 곱셈구구는 곱이 6씩, 7단 곱셈구구는 곱이 7씩 커져요.
8단 곱셈구구는 곱이 8씩, 9단 곱셈구구는 곱이 9씩 커져요.

×	1	2	3	4	5	6	7	8	9
1	1	2	3	4	5	6	7	8	9
2	2	4	6	8	10	12	14	16	18
3	3	6	9	12	15	18	21	24	27
4	4	8	12	16	20	24	28	32	36
5	5	10	15	20	25	30	35	40	45
6	6	12	18	24	30	36	42	48	54
7	7	14	21	28	35	42	49	56	63
8	8	16	24	32	40	48	56	64	72
9	9	18	27	36	45	54	63	72	81

이런 방법도 있어요!

- 1단 곱셈구구는 곱이 1씩 커지고 '1×★=★' 또는 '★×1=★'가 돼요.
- 어떤 수에 0을 곱하거나 0에 어떤 수를 곱하면 항상 '0'이 돼요.

(어떤 수)×0=0 또는 0×(어떤 수)=0

- 두 수를 바꾸어 곱해도 곱은 같아요.

★×■=■×★

월	일	☆☆☆☆☆

빈칸에 알맞은 수를 써넣으세요.

1

×	0	1	3	5	6	7	8	9
2								

2

×	9	7	5	4	2	1
3						

3

×	7	8	9	4	6	2
5						

4

×	1	2	3	4	5	6
6						

5

×	9	8	7	6	5	4	3
7							

6

×	4	1	3	7	5	8	9
9							

 곱셈을 하고, □ 안에 알맞은 수를 써넣으세요.

① $2\times7=\square$

② $2\times3=\square$

③ $3\times4=\square$

④ $5\times6=\square$

⑤ $4\times7=\square$

⑥ $6\times8=\square$

⑦ $7\times6=\square$

⑧ $8\times7=\square$

⑨ $6\times\square=54$

⑩ $9\times\square=36$

⑪ $5\times\square=35$

⑫ $8\times\square=40$

⑬ $\square\times4=36$

⑭ $\square\times8=24$

⑮ $\square\times7=49$

⑯ $\square\times9=72$

 □ 안에 알맞은 수를 써넣으세요.

1. $2\times6=6\times\square$

2. $4\times7=\square\times4$

3. $7\times8=\square\times7$

4. $5\times9=\square\times5$

5. $3\times3=9\times\square$

6. $4\times2=\square\times1$

7. $3\times4=6\times\square$

8. $4\times4=2\times\square$

9. $2\times\square=6\times3$

10. $3\times8=\square\times6$

11. $9\times2=\square\times3$

12. $6\times4=8\times\square$

13. $6\times6=\square\times4$

14. $4\times9=\square\times6$

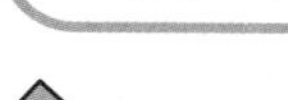

개념 키우기

문제를 해결해 보세요.

1 각각의 곱셈구구에 나오지 않는 값을 모두 찾아 ◯표 하세요.

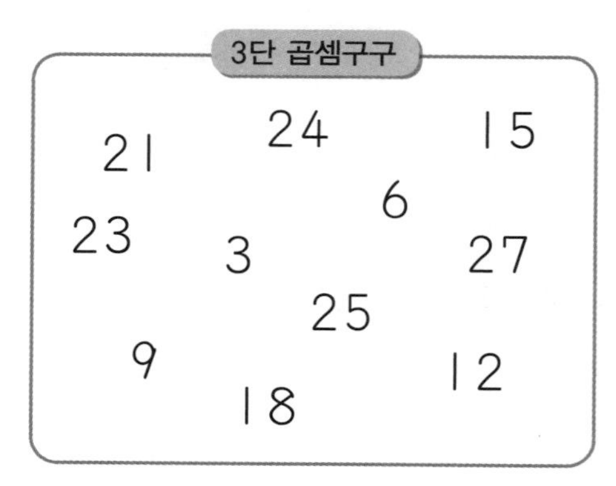

7단 곱셈구구

17 14 48 27 35 63 56 28 21 42 7

2 공을 꺼내어 공에 적힌 수만큼 점수를 얻는 놀이를 하였습니다. 물음에 답하세요.

공에 적힌 수	꺼낸 횟수(번)	점수(점)
0	3	$0\times3=0$
2	0	
4	2	
6	4	

(1) 표를 완성해 보세요.

(2) 놀이를 하여 얻은 점수는 모두 몇 점인가요?

식 ______________________ 답 ____________ 점

개념 다시보기

곱셈을 하세요.

1. $3\times3=$ □
2. $2\times8=$ □
3. $3\times4=$ □
4. $2\times5=$ □
5. $6\times4=$ □
6. $4\times5=$ □
7. $4\times4=$ □
8. $5\times3=$ □
9. $6\times6=$ □
10. $5\times8=$ □
11. $9\times3=$ □
12. $8\times6=$ □
13. $9\times7=$ □
14. $7\times6=$ □
15. $9\times4=$ □
16. $7\times7=$ □
17. $9\times9=$ □
18. $8\times7=$ □

도전해 보세요

1. 구슬이 몇 개인지 알아보는 여러 가지 곱셈식을 완성해 보세요.

$3\times$ □ $=$ □

$6\times$ □ $=$ □

$4\times$ □ $=$ □

$8\times$ □ $=$ □

2. 세발자전거 한 대에는 바퀴가 3개씩 있습니다. 세발자전거 7대에는 바퀴가 모두 몇 개 있나요?

(　　　　　　　　)개

14단계 곱셈구구의 활용

개념연결

2-2곱셈구구	2-2곱셈구구		3-1곱셈
2~9단 곱셈구구	1단 곱셈구구와 0의 곱셈	곱셈구구의 활용	(몇십몇)×(몇)
9×9=[81]	1×3=[3], 0×3=[0]	7×[8]=56	12×3=[36]

배운 것을 기억해 볼까요?

1

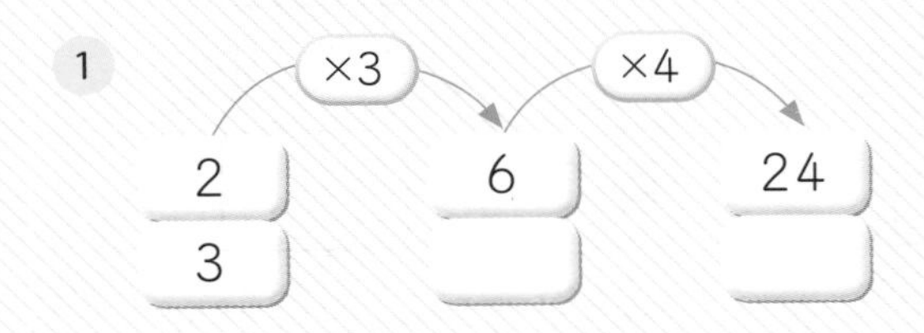

2

×	1	3	5
1			
3			
5			

곱셈구구를 이용하여 문제를 해결할 수 있어요.

30초 개념 곱셈구구를 이용하여 문장으로 된 문제에서 수를 셀 수 있어요.

곱셈구구를 이용하여 문제 해결하기

실생활에서 수를 셀 때 곱셈구구를 이용할 수 있어요.

예 사탕이 한 접시에 3개씩 놓여 있습니다.
접시 8개에 놓여 있는 사탕은 모두 몇 개인가요?

3개씩 8묶음이므로 3단 곱셈구구를 이용해요. 3×8은 24이므로 사탕은 모두 24개예요.

이런 방법도 있어요!

곱하는 두 수의 순서를 바꾸어도 곱은 같기 때문에 3×8은 8단 곱셈구구를 이용하여 8×3으로 계산할 수 있어요.

$$3\times8=8\times3=24$$

곱셈구구를 이용하여 계산해 보세요.

1 우유가 5개씩 4줄 있습니다. 우유는 모두 몇 개인가요?

[5] × [4] = [20] (개)

2 한 접시에 식빵을 2개씩 담으려고 합니다.
접시 6개에 모두 담으려면 식빵이 몇 개 필요한가요?

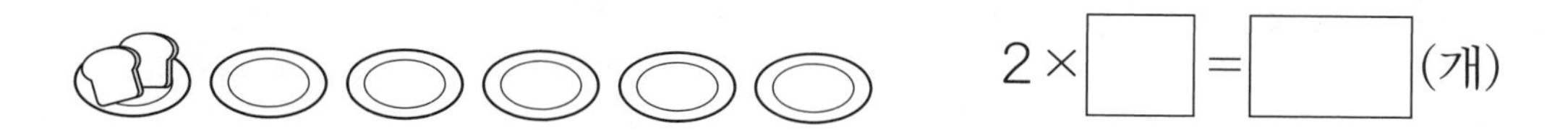

2 × [ ] = [ ] (개)

3 사물함이 한 층에 8칸씩 3층으로 놓여 있습니다.
사물함은 모두 몇 칸인가요?

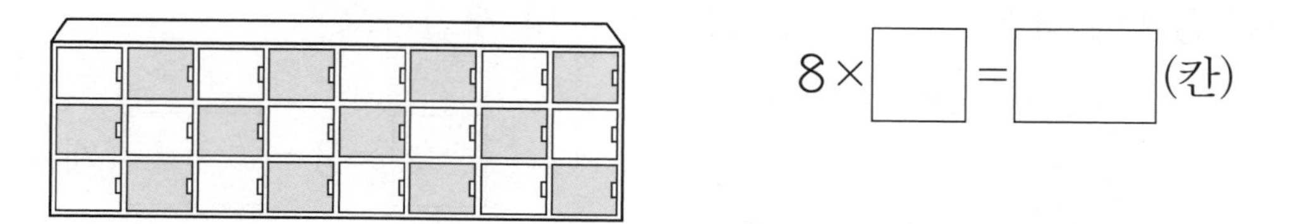

8 × [ ] = [ ] (칸)

4 자동차 한 대에는 바퀴가 4개씩 있습니다.
자동차 9대에는 바퀴가 모두 몇 개 있나요?

4 × [ ] = [ ] (개)

개념 다지기

 곱셈구구를 이용하여 계산해 보세요.

1 연필이 한 묶음에 9자루씩 있습니다. 연필 5묶음은 모두 몇 자루인가요?

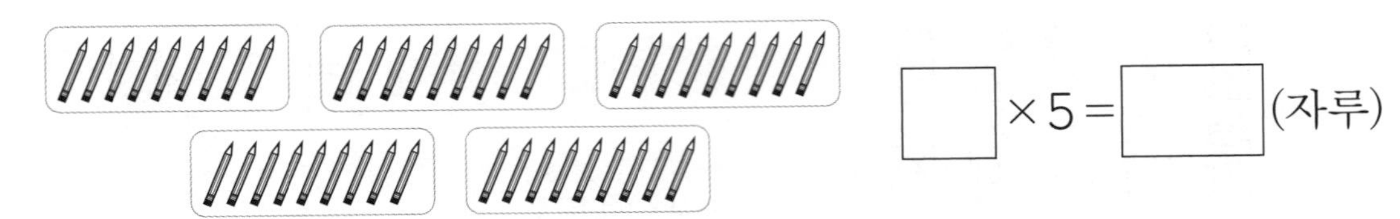

$\square \times 5 = \square$(자루)

2 사탕이 접시 한 개에 3개씩 놓여 있습니다.
접시 7개에 놓인 사탕은 모두 몇 개인가요?

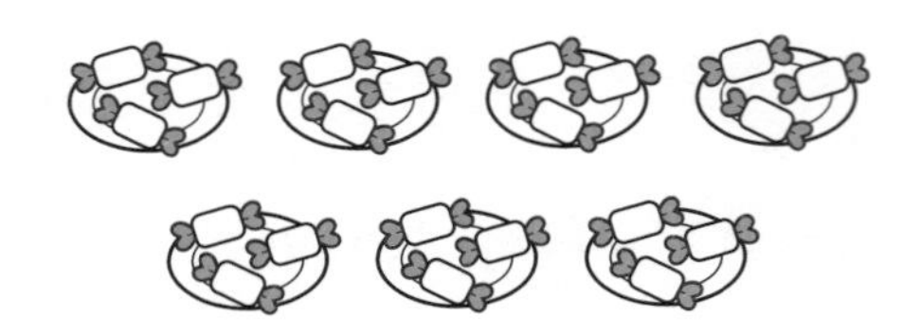

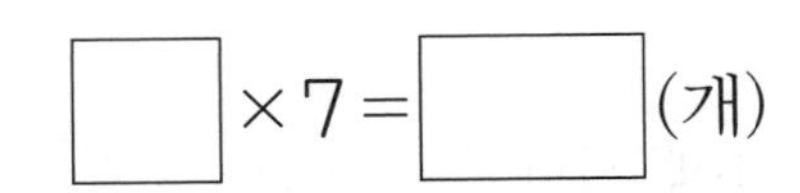

3 문어는 다리가 8개입니다. 문어 8마리의 다리는 모두 몇 개인가요?

$\square \times 8 = \square$(개)

4 주머니 한 개에 구슬을 4개씩 담으려고 합니다.
주머니 3개에 담을 수 있는 구슬은 모두 몇 개인가요?

$\square \times 3 = \square$(개)

5 피자 한 판을 똑같이 6조각으로 나누었습니다.
피자 9판은 모두 몇 조각인가요?

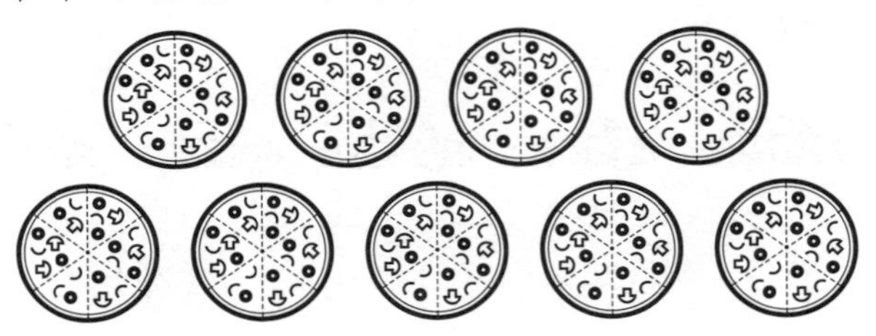

$\square \times 9 = \square$(조각)

곱셈구구를 이용하여 계산해 보세요.

1 도넛이 접시 한 개에 3개씩 놓여 있습니다.
접시 6개에 놓인 도넛은 모두 몇 개인가요?

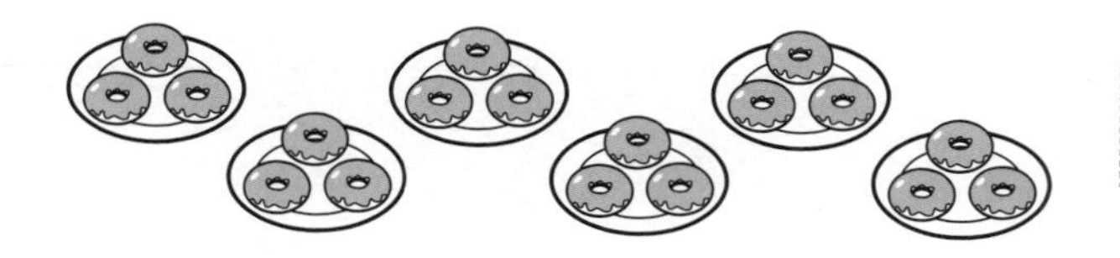

3 × 6 = 1 8 (개)

2 사과가 주머니 한 개에 4개씩 들어 있습니다.
주머니 5개에 들어 있는 사과는 모두 몇 개인가요?

(개)

3 야구공이 상자 한 개에 6개씩 들어 있습니다.
상자 4개에 들어 있는 야구공은 모두 몇 개인가요?

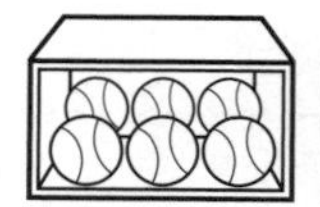
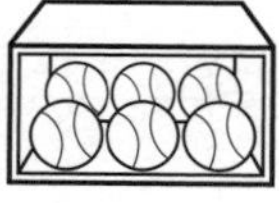
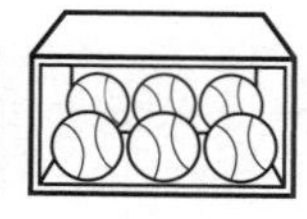
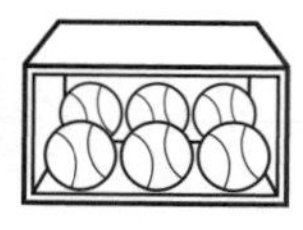
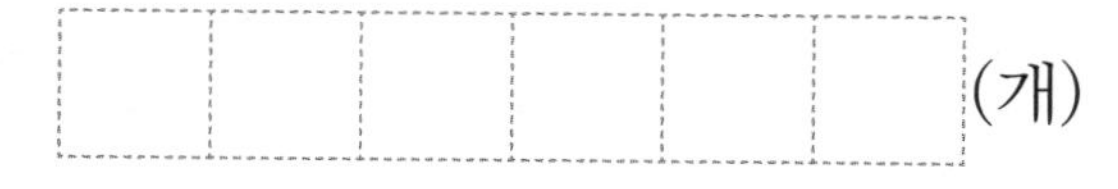
(개)

4 구슬이 9개씩 주머니 6개에 들어 있습니다. 구슬은 모두 몇 개인가요?

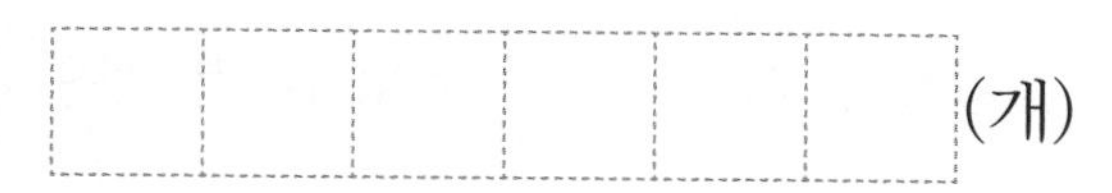
(개)

5 줄기 하나에 잎이 7장씩 달려 있습니다.
줄기 5개에 달려 있는 잎은 모두 몇 장인가요?

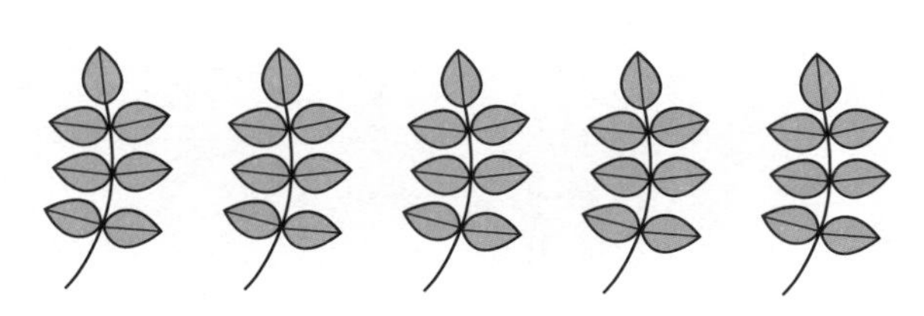

(장)

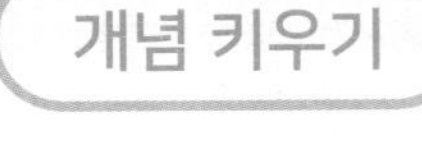

문제를 해결해 보세요.

1 가빈이의 나이는 9살입니다. 가빈이 아버지의 나이는 가빈이 나이의 4배보다 3살 더 많습니다. 가빈이 아버지의 나이는 몇 살인가요?

식________________ **답**________살

2 딸기는 한 상자에 6개씩, 사과는 한 상자에 8개씩 들어 있습니다. 그림을 보고 물음에 답하세요.

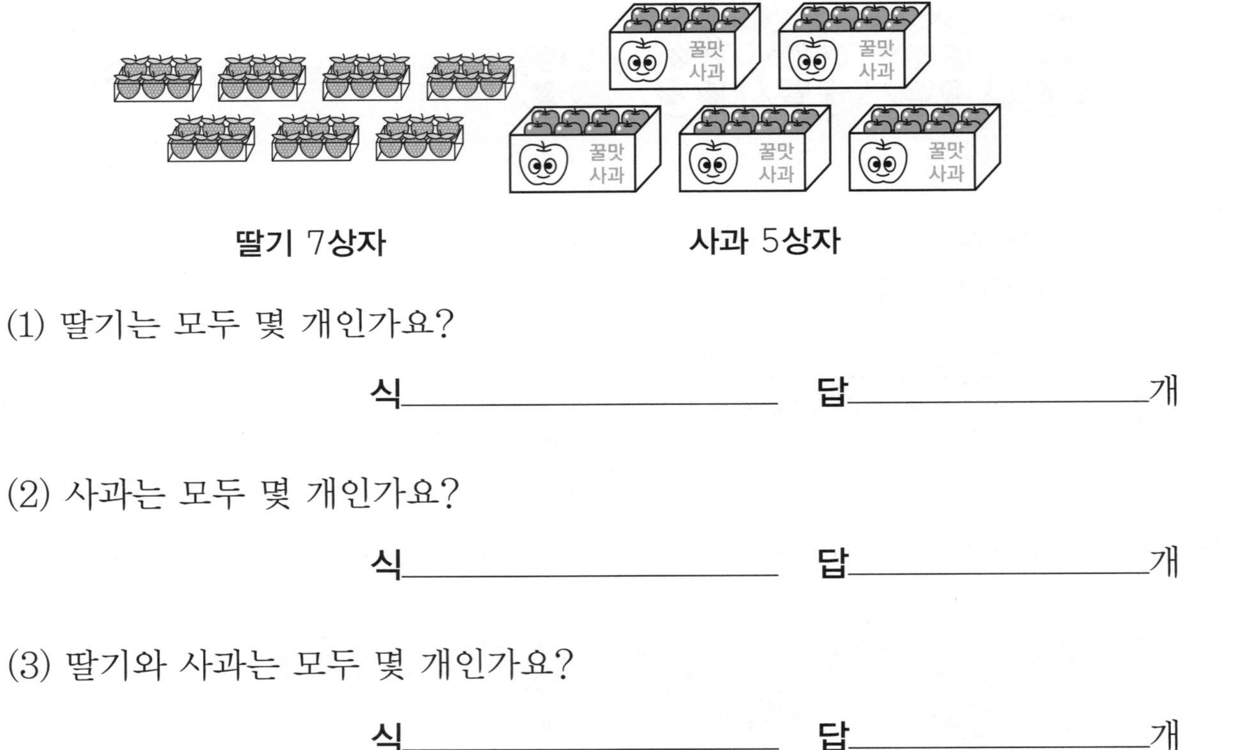

(1) 딸기는 모두 몇 개인가요?

식________________ **답**________개

(2) 사과는 모두 몇 개인가요?

식________________ **답**________개

(3) 딸기와 사과는 모두 몇 개인가요?

식________________ **답**________개

개념 다시보기

곱셈구구를 이용하여 계산해 보세요.

1 달걀이 6개씩 5줄 있습니다. 달걀은 모두 몇 개인가요?

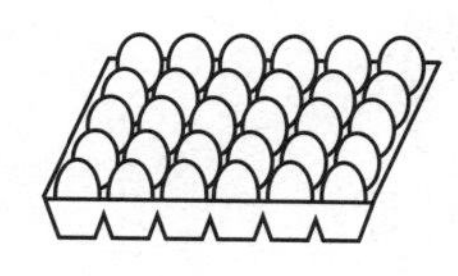

6 × ☐ = ☐ (개)

2 세발자전거가 7대 있습니다. 바퀴는 모두 몇 개인가요?

3 × ☐ = ☐ (개)

3 공원에 4명씩 앉을 수 있는 긴 의자가 5개 있습니다.
모두 몇 명이 앉을 수 있나요?

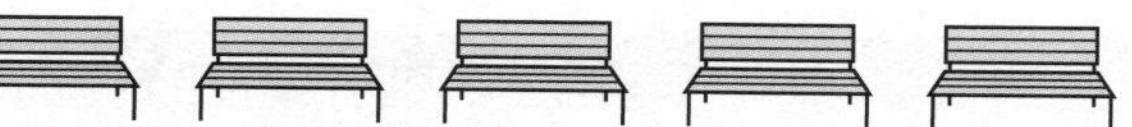

☐ × 5 = ☐ (명)

4 농구는 한 팀에 선수가 5명입니다. 8팀이 모여서 농구 경기를 하면 선수는 모두 몇 명인가요?

☐ × ☐ = ☐ (명)

도전해 보세요

1 수민이와 재윤이가 돌림판 맞히기 놀이를 하여 얻은 점수를 구해 보세요.

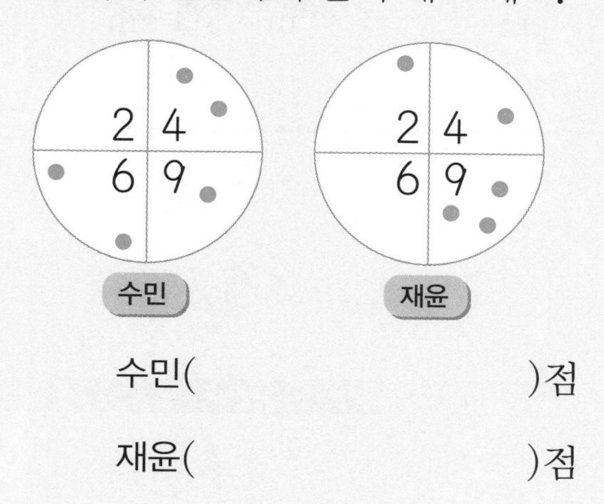

수민(　　　　　　)점

재윤(　　　　　　)점

2 4장의 수 카드 중에서 2장을 뽑아 곱을 구하려고 합니다. 가장 큰 곱과 가장 작은 곱의 합을 구해 보세요.

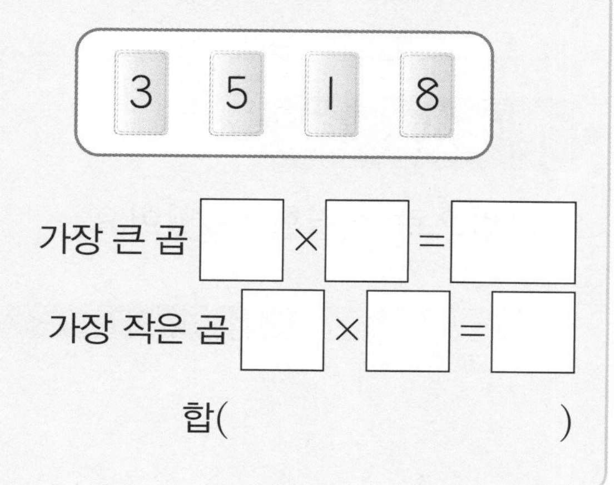

가장 큰 곱 ☐ × ☐ = ☐

가장 작은 곱 ☐ × ☐ = ☐

합(　　　　　　)

15단계 길이의 합

개념연결

2-1길이 재기	2-2길이 재기	길이의 합	2-2길이 재기
l cm 이해하기	l m 이해하기		길이의 차
약 2 cm	2 m 40 cm=240 cm	l m 30 cm+2 m 20 cm =3 m 50 cm	2 m 40 cm−l m 30 cm =l m l0 cm

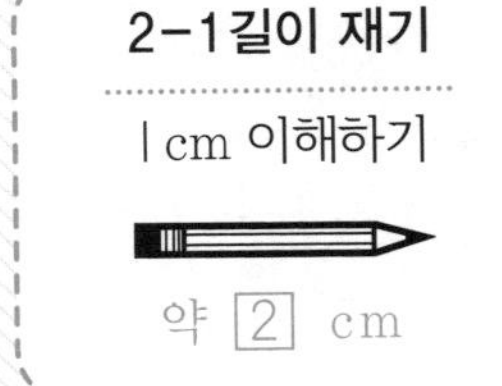

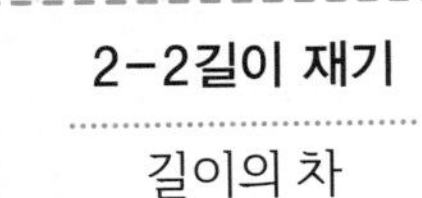

배운 것을 기억해 볼까요?

1 l m=☐ cm

2 2 m 40 cm=☐ cm

3 l50 cm=☐ m ☐ cm

4 306 cm=☐ m ☐ cm

길이의 합을 구할 수 있어요.

30초 개념 두 길이의 합은 직접 길이를 재서 구할 수 있고,
같은 단위끼리 더하여 구할 수도 있어요.

l m 30 cm+2 m 20 cm **계산하기**

l m 30 cm+2 m 20 cm=(l+2)m (30+20)cm=3 m 50 cm

	l m	30 cm
+	2 m	20 cm

➡

	l m	30 cm
+	2 m	20 cm
		50 cm

➡

	l m	30 cm
+	2 m	20 cm
	3 m	50 cm

m는 m끼리, cm는 cm끼리 더해요.

이런 방법도 있어요!

그림으로 해결할 수 있어요.

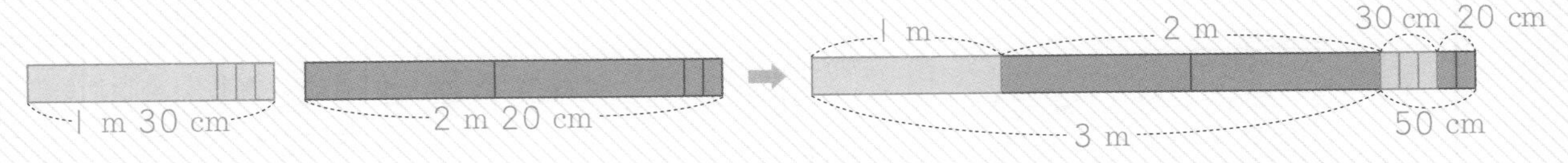

길이의 합을 구해 보세요.

1

	2 m	10 cm
+	1 m	50 cm
	3 m	60 cm

m는 m끼리
cm는 cm끼리
더해요.

2

	1 m	40 cm
+	3 m	7 cm
	m	cm

3

	4 m	15 cm
+	1 m	20 cm
	m	cm

4

	3 m	25 cm
+	4 m	30 cm
	m	cm

5

	3 m	9 cm
+	2 m	52 cm
	m	cm

6

	2 m	60 cm
+	5 m	27 cm
	m	cm

7

	5 m	35 cm
+	4 m	25 cm
	m	cm

8

	6 m	42 cm
+	7 m	16 cm
	m	cm

덤

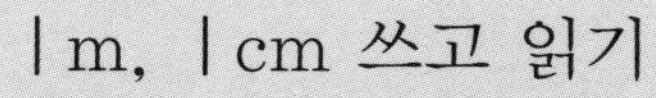
1 m, 1 cm 쓰고 읽기

'1 미터'

'1 센티미터'

1 m=100 cm

개념 다지기

길이의 합을 구해 보세요.

1

	2 m	13 cm
+	3 m	20 cm
	m	cm

2

	4 m	27 cm
+	6 m	30 cm
	m	cm

3

	5 m	60 cm
+	1 m	35 cm
	m	cm

4

	3 m	43 cm
+	4 m	22 cm
	m	cm

5

	8 m	59 cm
+	9 m	10 cm
	m	cm

6

	6 m	27 cm
+	7 m	20 cm
	m	cm

7

	14 m	72 cm
+	10 m	16 cm
	m	cm

8

	15 m	56 cm
+	12 m	32 cm
	m	cm

9

	13 m	47 cm
+	11 m	21 cm
	m	cm

10

	21 m	63 cm
+	9 m	15 cm
	m	cm

길이의 합을 구해 보세요.

① 5 m 25 cm+4 m 50 cm

	5 m	25 cm
+	4 m	50 cm
	9 m	75 cm

② 3 m 70 cm+6 m 12 cm

③ 8 m 50 cm+12 m 25 cm

④ 15 m 35 cm+38 m 27 cm

⑤ 24 m 5 cm+13 m 8 cm

⑥ 38 m 52 cm+16 m 16 cm

⑦ 42 m 54 cm+17 m 15 cm

⑧ 53 m 26 cm+22 m 35 cm

문제를 해결해 보세요.

1 길이가 가장 긴 것과 가장 짧은 것의 합을 구해 보세요.

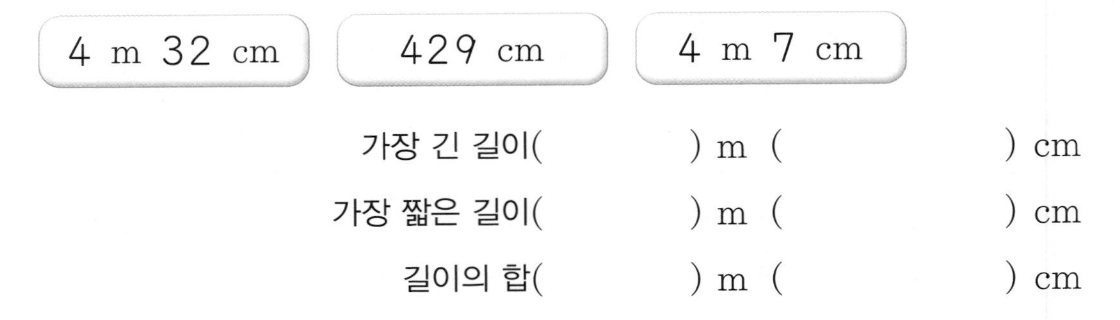

가장 긴 길이(　　　) m (　　　　　) cm

가장 짧은 길이(　　　) m (　　　　　) cm

길이의 합(　　　) m (　　　　　) cm

2 색테이프 전체 길이를 구해 보세요.

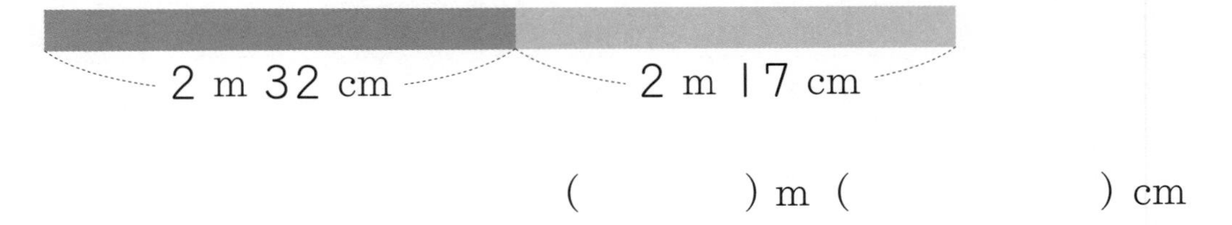

(　　　) m (　　　　　) cm

3 민수의 키는 126 cm입니다. 주영이는 민수보다 9 cm 더 크고, 강호는 주영이보다 6 cm 더 큽니다. 물음에 답하세요.

(1) 주영이의 키는 얼마인가요?

(　　　) m (　　　　　) cm

(2) 강호의 키는 얼마인가요?

(　　　) m (　　　　　) cm

길이의 합을 구해 보세요.

1

	1 m	40 cm
+	2 m	30 cm
	m	cm

2

	3 m	25 cm
+	5 m	42 cm
	m	cm

3

	12 m	55 cm
+	8 m	13 cm
	m	cm

4

	9 m	7 cm
+	15 m	24 cm
	m	cm

5

	7 m	46 cm
+	3 m	33 cm
	m	cm

6

	6 m	52 cm
+	4 m	15 cm
	m	cm

도전해 보세요

1 수 카드 3장을 한 번씩만 사용하여 가장 긴 길이를 만들고, 그 길이와 6 m 29 cm의 합을 구해 보세요.

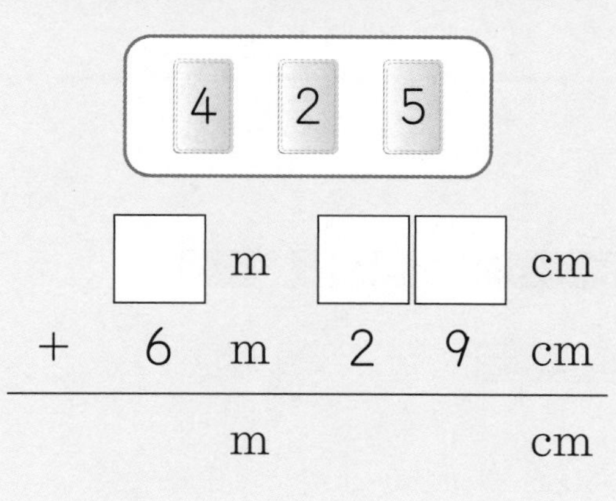

2 길이의 계산을 해 보세요.

(1) 5 m 20 cm−3 m 15 cm

= ☐ m ☐ cm

(2) 4 m 75 cm−2 m 20 cm

= ☐ m ☐ cm

16단계 길이의 차

개념연결

2-1 길이 재기	2-2 길이 재기		3-1 길이와 시간
l m 이해하기	길이의 합	길이의 차	길이 어림하기
2 m 40 cm=240 cm	l m 30 cm+2 m 20 cm =3 m 50 cm	2 m 40 cm−l m 30 cm =l m 10 cm	l km=1000 m

배운 것을 기억해 볼까요?

1 (1) l06 cm=☐ m ☐ cm

(2) 3 m 20 cm=☐ cm

(3) 2l5 cm=☐ m ☐ cm

2

```
    2 m   34 cm
+   4 m   52 cm
-------------
   ☐m    ☐ cm
```

길이의 차를 구할 수 있어요.

30초 개념 두 길이의 차는 직접 길이를 재서 구할 수 있고, 같은 단위끼리 빼서 구할 수도 있어요.

2 m 40 cm−l m 30 cm **계산하기**

2 m 40 cm−l m 30 cm=(2−l)m (40−30)cm=l m l0 cm

```
   2 m  40 cm          2 m  40 cm          2 m  40 cm
−  l m  30 cm   ➡   −  l m  30 cm   ➡   −  l m  30 cm
-------------       -------------       -------------
                            l0 cm          l m  l0 cm
```

m는 m끼리, cm는 cm끼리 빼요.

이런 방법도 있어요!

그림으로 해결할 수 있어요.

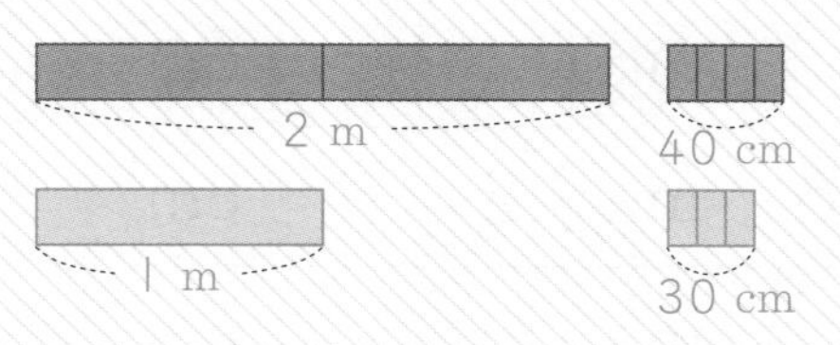

2 m 40 cm−l m 30 cm=l m l0 cm

길이의 차를 구해 보세요.

1

	2 m	20 cm
−	1 m	10 cm
	m	cm

m는 m끼리
cm는 cm끼리
빼요.

2

	3 m	50 cm
−	2 m	40 cm
	m	cm

3

	5 m	40 cm
−	2 m	20 cm
	m	cm

4

	6 m	60 cm
−	1 m	30 cm
	m	cm

5

	4 m	35 cm
−	2 m	15 cm
	m	cm

6

	7 m	60 cm
−	3 m	25 cm
	m	cm

7

	9 m	72 cm
−	4 m	40 cm
	m	cm

8

	8 m	47 cm
−	5 m	3 cm
	m	cm

9

	12 m	36 cm
−	7 m	14 cm
	m	cm

10

	15 m	72 cm
−	9 m	41 cm
	m	cm

개념 다지기

 길이의 차를 구해 보세요.

1

	3 m	40 cm
−	1 m	20 cm
	m	cm

2

	4 m	20 cm
−	3 m	5 cm
	m	cm

3

	5 m	30 cm
−	2 m	10 cm
	m	cm

4

	8 m	56 cm
−	3 m	14 cm
	m	cm

5

	7 m	45 cm
−	4 m	2 cm
	m	cm

6

	11 m	33 cm
−	1 m	7 cm
	m	cm

7

	13 m	60 cm
−	5 m	10 cm
	m	cm

8

	15 m	75 cm
−	10 m	24 cm
	m	cm

9

	9 m	59 cm
−	2 m	52 cm
	m	cm

10

	14 m	67 cm
−	6 m	32 cm
	m	cm

 길이의 차를 구해 보세요.

① 5 m 30 cm−2 m 10 cm

	5 m	30 cm
−	2 m	10 cm
	3 m	20 cm

② 4 m 50 cm−1 m 15 cm

③ 6 m 45 cm−2 m 4 cm

④ 7 m 67 cm−3 m 16 cm

⑤ 3 m 64 cm−1 m 30 cm

⑥ 10 m 37 cm−6 m 32 cm

⑦ 9 m 74 cm−3 m 62 cm

⑧ 15 m 75 cm−9 m 32 cm

문제를 해결해 보세요.

1 길이가 2 m 75 cm인 색테이프에서 얼마만큼 사용하였더니 1 m 50 cm가 남았습니다. 사용한 색테이프의 길이는 얼마인가요?

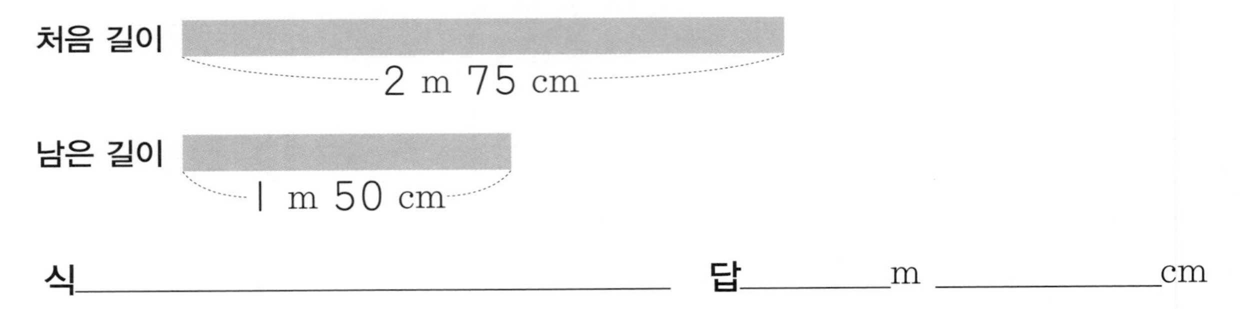

식 ______________ 답 ______ m ______ cm

2 길이가 1 m 50 cm가 되도록 어림하여 리본을 잘랐습니다. 물음에 답하세요.

이름	리본의 실제 길이
민아	1 m 70 cm
윤수	1 m 65 cm
지호	1 m 40 cm

(1) 민아가 어림한 길이는 실제 길이와 얼마나 차이가 나는지 구해 보세요.

식 ______________ 답 ______ cm

(2) 윤수가 어림한 길이는 실제 길이와 얼마나 차이가 나는지 구해 보세요.

식 ______________ 답 ______ cm

(3) 지호가 어림한 길이는 실제 길이와 얼마나 차이가 나는지 구해 보세요.

식 ______________ 답 ______ cm

(4) 1 m 50 cm에 가장 가까운 길이로 리본을 자른 사람은 누구인가요?

(　　　　　　)

개념 다시보기

길이의 차를 구해 보세요.

1

	2 m	42 cm
−	1 m	21 cm
	m	cm

2

	3 m	65 cm
−	2 m	30 cm
	m	cm

3

	7 m	46 cm
−	5 m	24 cm
	m	cm

4

	10 m	35 cm
−	4 m	12 cm
	m	cm

5

	16 m	82 cm
−	3 m	40 cm
	m	cm

6

	15 m	45 cm
−	2 m	20 cm
	m	cm

도전해 보세요

1 길이가 3 m 22 cm인 고무줄을 양쪽에서 잡아당겼더니 5 m 55 cm가 되었습니다. 고무줄은 처음보다 얼마나 더 늘어났나요?

(　　　)m (　　　)cm

2 □ 안에 알맞은 수를 써넣으세요.

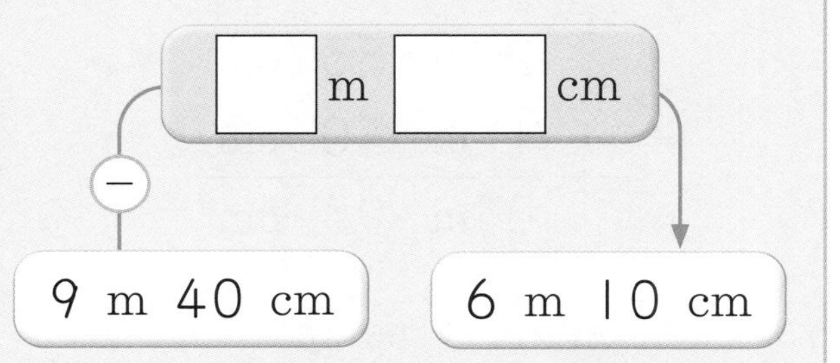

17단계 길이의 합과 차

개념연결

2-2길이 재기	2-2길이 재기		3-1길이와 시간
길이의 합	길이의 차	길이의 합과 차	길이 어림하기
1 m 30 cm+2 m 20 cm =3 m 50 cm	2 m 40 cm−1 m 30 cm =1 m 10 cm	2 m 55 cm, 1 m 40 cm 합: 3 m 95 cm 차: 1 m 15 cm	1 km=1000 m

배운 것을 기억해 볼까요?

1
```
   1 m  15 cm
+  3 m   4 cm
─────────────
   □ m   □ cm
```

2
```
   4 m  27 cm
−  2 m  10 cm
─────────────
   □ m   □ cm
```

3 6 m 50 cm−2 m 25 cm
=□ m □ cm

길이의 합과 차를 구할 수 있어요.

30초 개념 길이의 합이나 차는 직접 길이를 재서 구할 수 있고, 같은 단위끼리 계산해서 구할 수도 있어요.

2 m 55 cm와 1 m 40 cm의 합과 차 계산하기

m는 m끼리 cm는 cm끼리 계산해요.

길이의 합 2 m 55 cm+1 m 40 cm=(2+1)m (55+40)cm=3 m 95 cm

길이의 차 2 m 55 cm−1 m 40 cm=(2−1)m (55−40)cm=1 m 15 cm

이런 방법도 있어요!

길이의 합

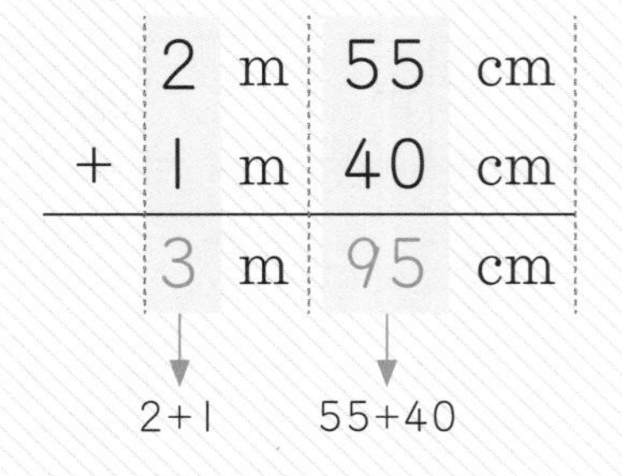

길이의 차

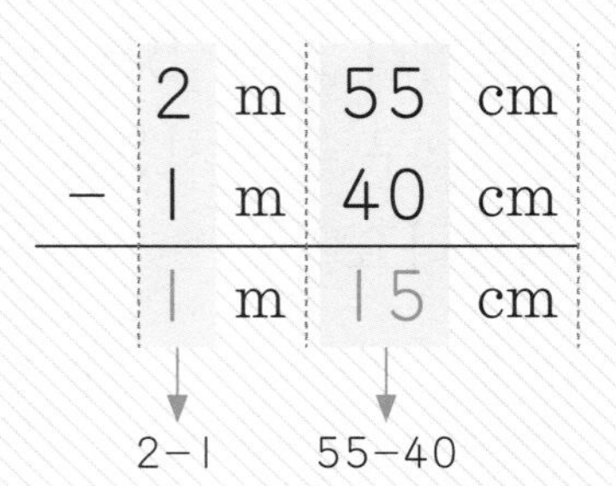

개념 익히기

길이의 합과 차를 구해 보세요.

1

	2 m	40 cm
+	1 m	33 cm
	m	cm

2

	3 m	60 cm
−	1 m	50 cm
	m	cm

3

	4 m	27 cm
+	5 m	50 cm
	m	cm

4

	5 m	56 cm
−	2 m	14 cm
	m	cm

5

	6 m	42 cm
−	3 m	31 cm
	m	cm

6

	7 m	21 cm
+	3 m	26 cm
	m	cm

7

	8 m	70 cm
+	6 m	20 cm
	m	cm

8

	5 m	54 cm
+	2 m	16 cm
	m	cm

9

	12 m	55 cm
−	4 m	30 cm
	m	cm

10

	9 m	32 cm
−	5 m	25 cm
	m	cm

개념 다지기

 길이의 합과 차를 구해 보세요.

1

	4 m	52 cm
−	2 m	30 cm
	m	cm

2

	3 m	60 cm
+	1 m	27 cm
	m	cm

3

	1 m	23 cm
+	6 m	43 cm
	m	cm

4

	5 m	75 cm
−	3 m	24 cm
	m	cm

5

	8 m	60 cm
−	5 m	58 cm
	m	cm

6

	10 m	24 cm
+	4 m	20 cm
	m	cm

7

	6 m	42 cm
−	3 m	20 cm
	m	cm

8

	8 m	35 cm
+	5 m	32 cm
	m	cm

9

	15 m	46 cm
+	20 m	53 cm
	m	cm

10

	12 m	75 cm
−	9 m	62 cm
	m	cm

길이의 합과 차를 구해 보세요.

1 1 m 22 cm, 2 m 51 cm

합

	1 m	22 cm
+	2 m	51 cm
	3 m	73 cm

2 3 m 43 cm, 1 m 24 cm

합

3 2 m 40 cm, 3 m 60 cm

차

더 긴 길이에서 짧은 길이를 빼요.

4 6 m 39 cm, 2 m 30 cm

합

5 8 m 70 cm, 5 m 50 cm

차

6 3 m 32 cm, 7 m 54 cm

차

7 9 m 53 cm, 4 m 23 cm

합

8 585 cm, 262 cm

차

문제를 해결해 보세요.

1 가장 긴 길이와 가장 짧은 길이의 합과 차를 구하는 식을 쓰고 답을 구하세요.

4 m 22 cm　　315 cm　　3 m 7 cm

합 ______________________ 답 ______ m ______ cm

차 ______________________ 답 ______ m ______ cm

2 태연이네 집에서 놀이터와 서점 사이의 거리입니다. 그림을 보고 물음에 답하세요.

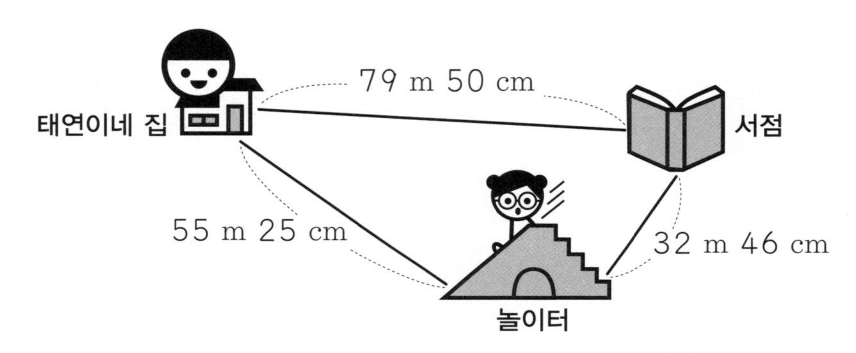

(1) 태연이네 집에서 놀이터를 지나 서점까지 가는 거리는 얼마입니까?

식 ______________________ 답 ______ m ______ cm

(2) 태연이네 집에서 놀이터를 지나 서점으로 가는 거리는
태연이네 집에서 서점으로 바로 가는 거리보다 얼마 더 먼가요?

식 ______________________ 답 ______ m ______ cm

개념 다시보기

길이의 합과 차를 구해 보세요.

1

	2 m	60 cm
+	3 m	20 cm
	m	cm

2

	4 m	90 cm
−	2 m	40 cm
	m	cm

3

	5 m	76 cm
−	3 m	42 cm
	m	cm

4

	2 m	47 cm
+	6 m	20 cm
	m	cm

5

	8 m	52 cm
+	4 m	32 cm
	m	cm

6

	12 m	35 cm
−	5 m	32 cm
	m	cm

도전해 보세요

1 삼각형의 세 변의 길이의 합은 3 m 69 cm입니다. 나머지 한 변의 길이는 몇 m 몇 cm인가요?

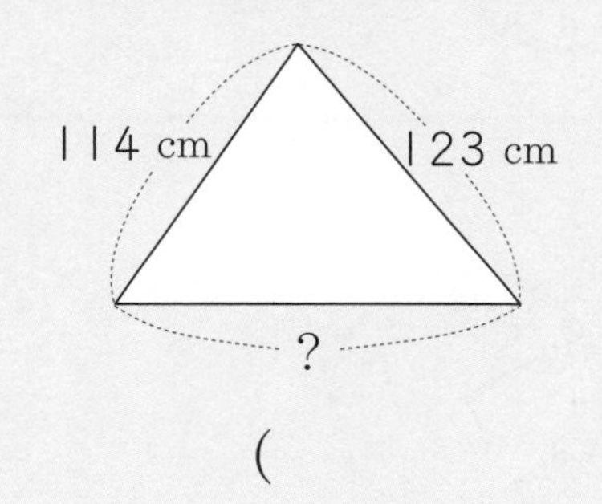

(　　　　　　　　)

2 여훈이는 길이가 5 m 64 cm인 색테이프를 2 m 40 cm만큼 사용하였습니다. 남은 색테이프의 길이는 몇 m 몇 cm인가요?

(　　　　　　　　)

18단계 시각과 시간 1

개념연결

1-2모양과 시각	1-2모양과 시각		2-2시각과 시간
시계를 보고 '몇 시' 읽기	시계를 보고 '몇 시 30분' 읽기	시각 읽기	시간 알기
10:00 → 10 시	2:30 → 2 시 30 분	 1 시 20 분	1 시간 = 60 분

배운 것을 기억해 볼까요?

1 3시

2 9시

3 12시 30분

4 10시 30분

시각을 알 수 있어요.

30초 개념 시계의 짧은바늘은 몇 시를, 긴바늘은 몇 분을 나타내요.

몇 시 몇 분 알기

시계의 긴바늘이 가리키는 숫자가 1이면 5분, 2이면 10분, 3이면 15분, …을 나타내요.

시계에서 긴바늘이 가리키는 작은 눈금 한 칸은 1분을 나타내요.

6시 50분

- 짧은바늘이 6과 7 사이를 가리키고 있어요.
- 긴바늘이 10을 가리키고 있어요.

1시 28분

- 짧은바늘이 1과 2 사이를 가리키고 있어요.
- 긴바늘이 5에서 작은 눈금으로 3칸 더 간 곳을 가리키고 있어요.

이런 방법도 있어요!

6시 50분을 다른 방법으로 나타낼 수 있어요.
6시 50분을 7시 10분 전이라고도 해요.

시계를 보고 □ 안에 알맞은 수를 써넣으세요.

짧은바늘과 긴바늘의 위치를 확인하고 시와 분을 읽어요.

1

- 짧은바늘은 [7]과 [8] 사이에 있어요.
- 긴바늘은 [3]을 가리키고 있어요.
- 시계가 나타내는 시각은 [7]시 [15]분이에요.

2

- 짧은바늘은 □과 □ 사이에 있어요.
- 긴바늘은 □를 가리키고 있어요.
- 시계가 나타내는 시각은 □시 □분이에요.

3

- 짧은바늘은 □와 □ 사이에 있어요.
- 긴바늘은 □를 가리키고 있어요.
- 시계가 나타내는 시각은 □시 □분이에요.

4

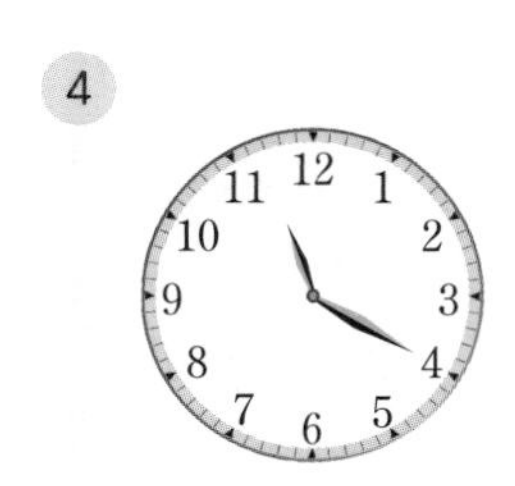

- 짧은바늘은 □과 □ 사이에 있어요.
- 긴바늘은 □를 가리키고 있어요.
- 시계가 나타내는 시각은 □시 □분이에요.

5

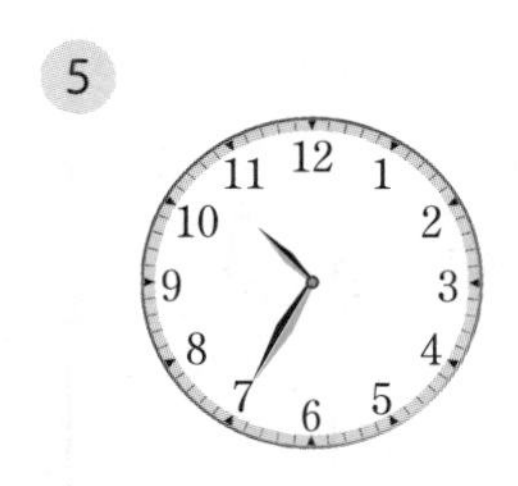

- 짧은바늘은 □과 □ 사이에 있어요.
- 긴바늘은 □을 가리키고 있어요.
- 시계가 나타내는 시각은 □시 □분이에요.

개념 다지기

 시각을 써 보세요.

1

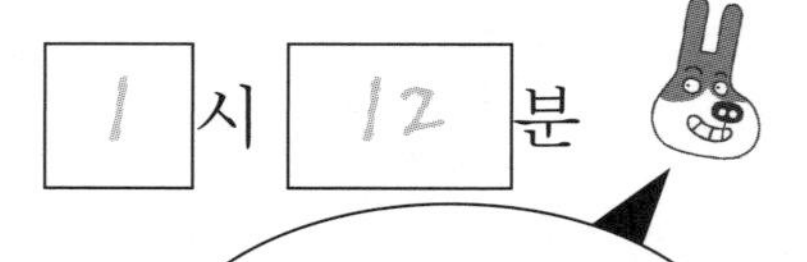

1 시 12 분

긴바늘이 숫자 2에서 작은 눈금으로 2칸 더 간 곳을 가리켜요.

숫자 2 ➡ 10분
작은 눈금 2칸 ➡ 2분

2

시 분

3

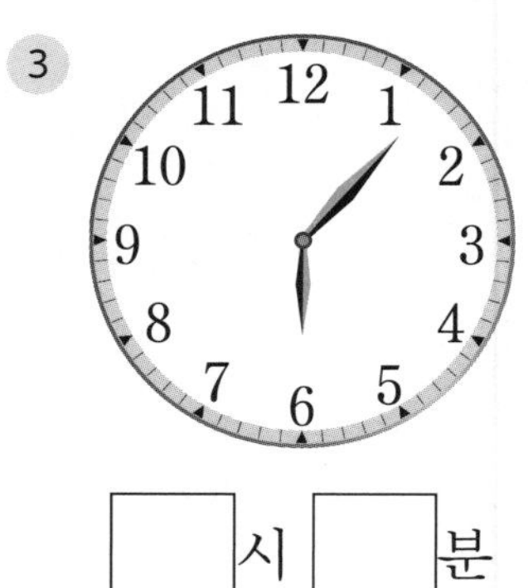

시 분

4

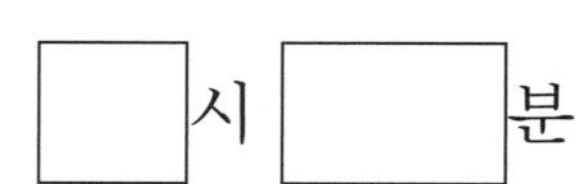

시 분

5

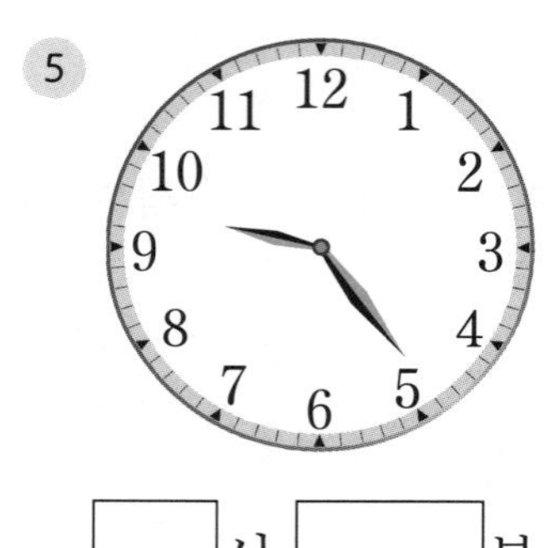

시 분

6

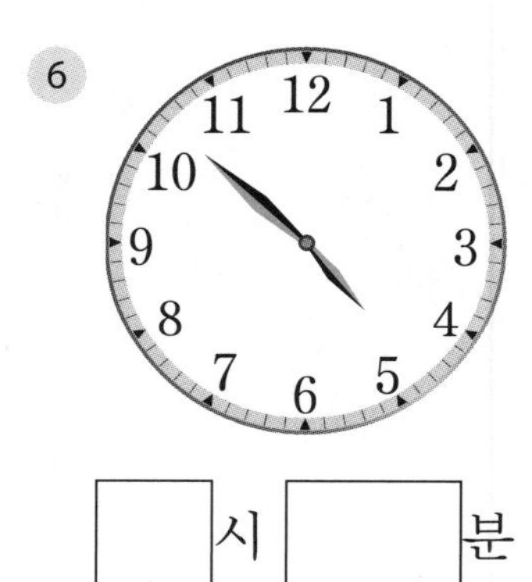

시 분

7

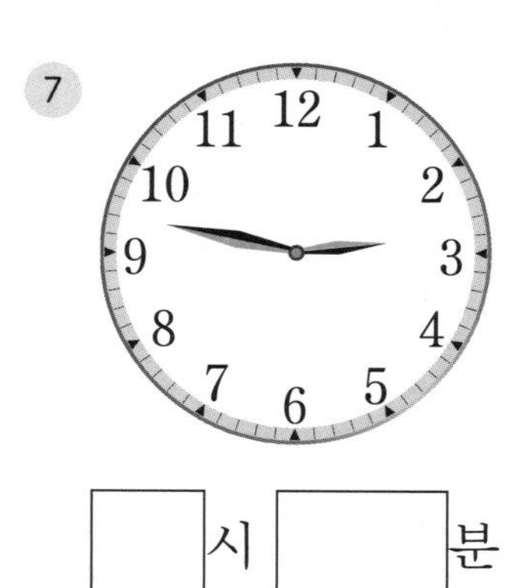

시 분

8

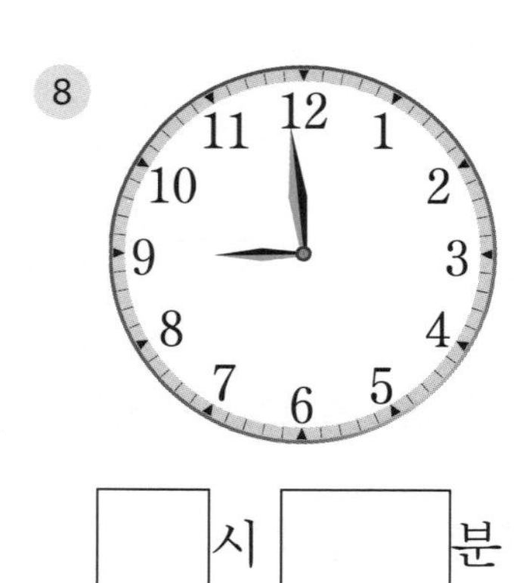

시 분

9

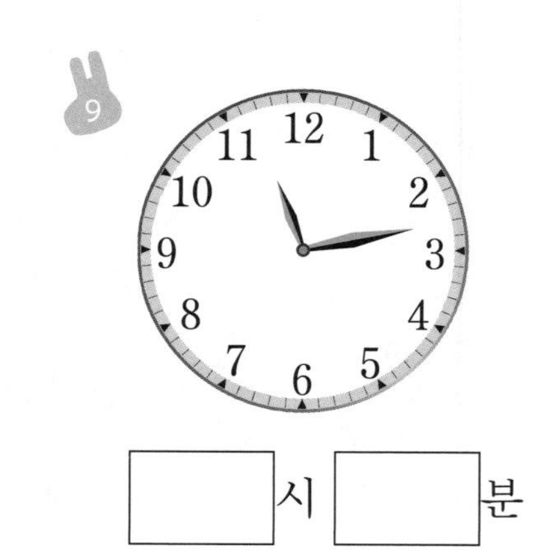

시 분

 시각을 읽고 □ 안에 알맞은 수를 써넣으세요.

1

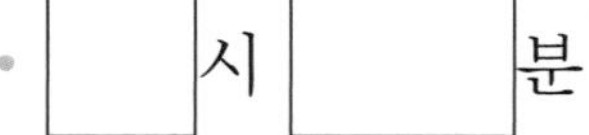

- □시 □분
- □시 □분 전

2

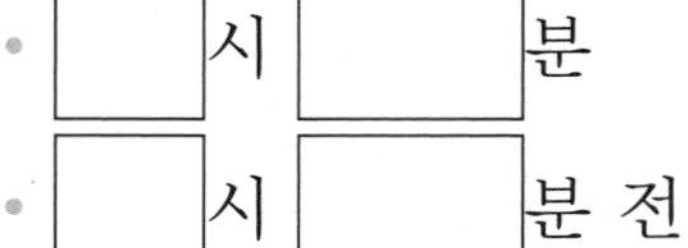

- □시 □분
- □시 □분 전

3

- □시 □분
- □시 □분 전

4

- □시 □분
- □시 □분 전

5

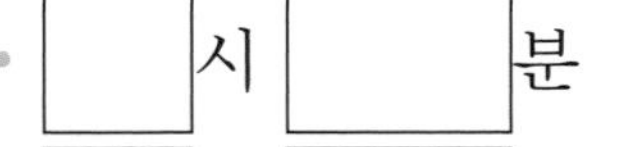

- □시 □분
- □시 □분 전

6

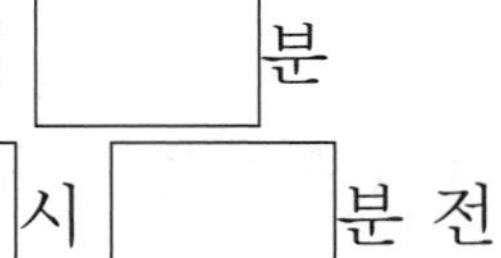

- □시 □분
- □시 □분 전

7

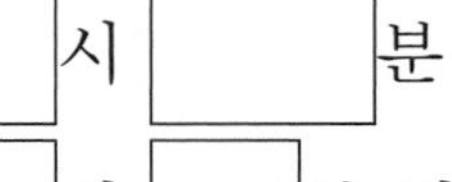

- □시 □분
- □시 □분 전

8

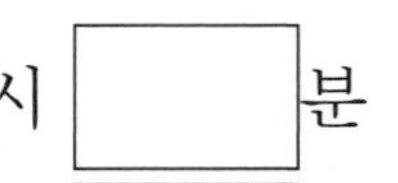

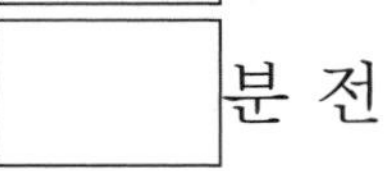

- □시 □분
- □시 □분 전

문제를 해결해 보세요.

1 성훈이는 8시 10분 전에 아침을 먹었습니다.
성훈이가 아침을 먹은 시각을 쓰고 시계에 나타내세요.

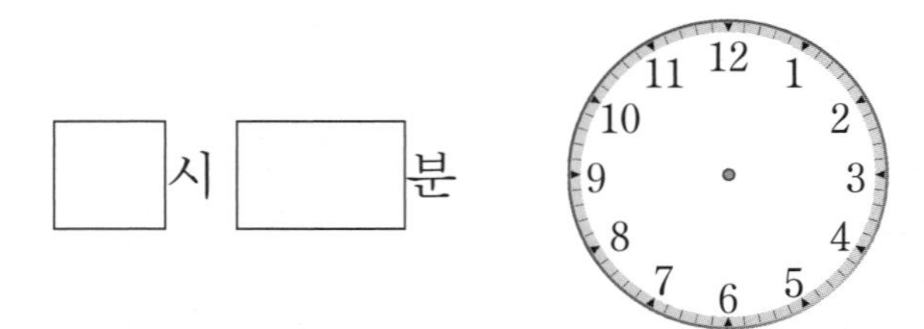

2 민수가 방과후교실에서 머핀 만들기를 하였습니다. 그림을 보고 물음에 답하세요.

(1) 머핀을 만든 순서에 맞게 □에 번호를 써넣으세요.

(2) 시계의 시각을 써 보세요.

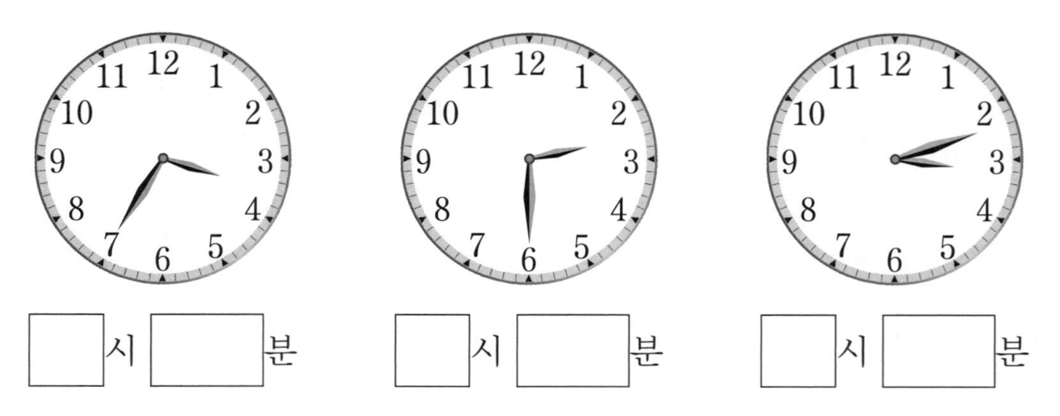

개념 다시보기

 시각을 써 보세요.

1 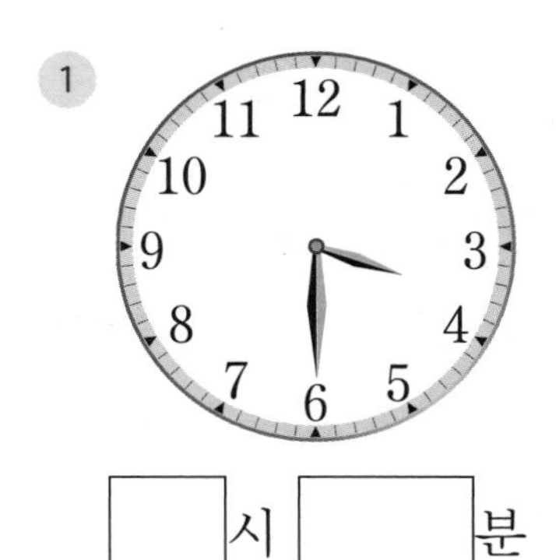

□시 □분

2 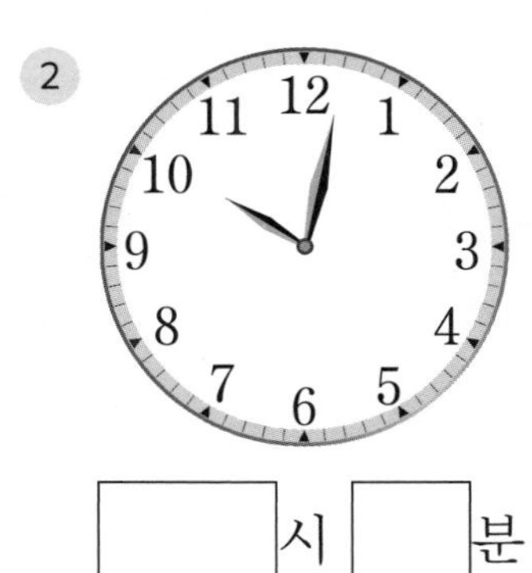

□시 □분

3 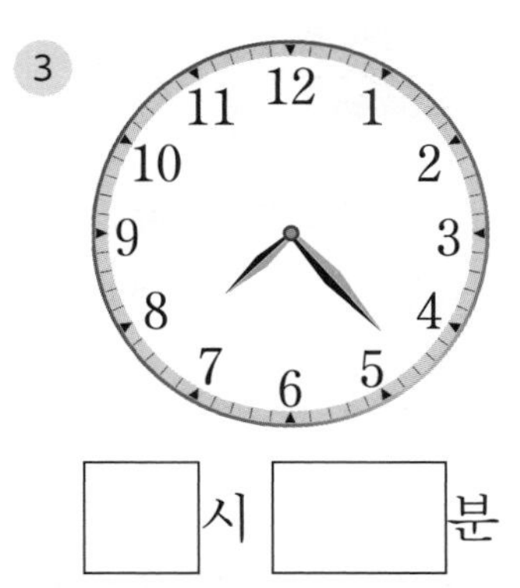

□시 □분

 시각에 맞게 시계에 나타내세요.

4 

2시 25분

5 

5시 40분

6 

9시 17분

7 

7시 10분 전

8 

4시 5분 전

9 

6시 15분 전

도전해 보세요

1 지수와 수린이 중에서 더 늦게 일어난 사람은 누구인가요?

지수: 나는 주말에 7시 50분에 일어났어.

수린: 나는 8시 15분 전에 일어났어.

(   )

2 거울에 비친 시계의 모습입니다. 시계가 나타내는 시각을 써 보세요.

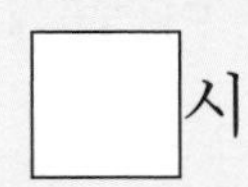

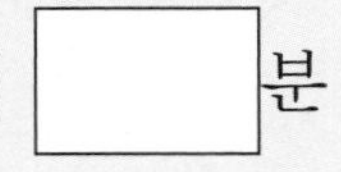

□시 □분

시각과 시간 2

개념연결

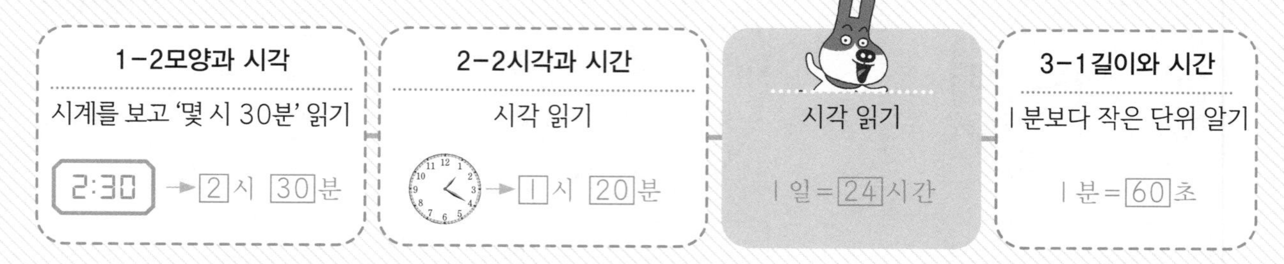

배운 것을 기억해 볼까요?

시간을 알 수 있어요.

30초 개념 시계의 긴바늘이 한 바퀴 도는 데 걸리는 시간은 60분이에요.
시계의 짧은바늘이 한 바퀴 도는 데 걸리는 시간은 12시간이에요.

1시간과 하루의 시간 알기

시계의 긴바늘이 한 바퀴 도는 데 걸리는 시간은 60분이에요.

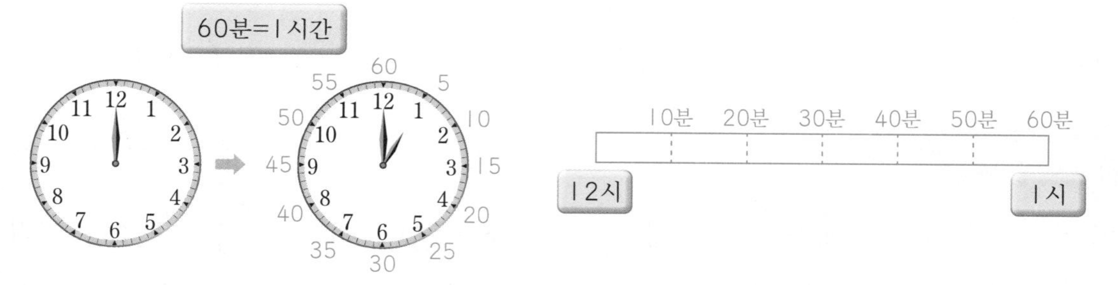

하루는 24시간이에요. 전날 밤 12시부터 낮 12시까지를 오전,
낮 12시부터 밤 12시까지를 오후라고 해요.

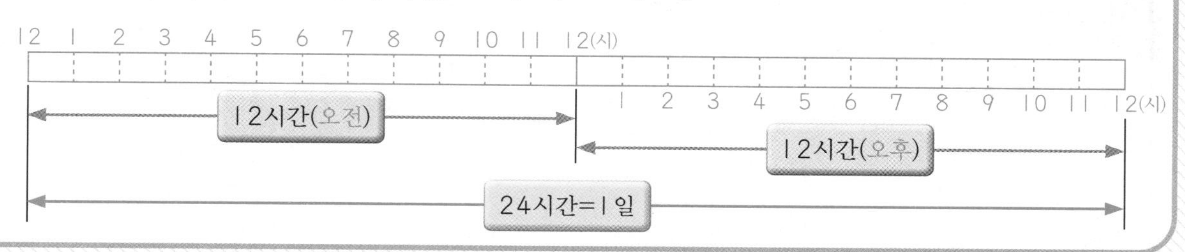

개념 익히기

□ 안에 알맞은 수를 써넣으세요.

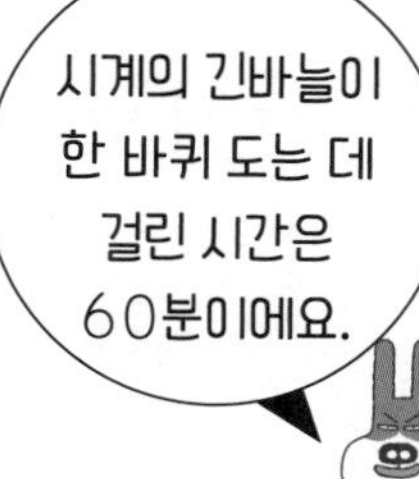

1 60분=□시간

2 100분=□시간 □분

3 1시간 10분=□분

4 1시간 30분=□분

5 2시간=□분

6 150분=□시간 □분

걸린 시간을 시간 띠에 나타내어 구해 보세요.

7

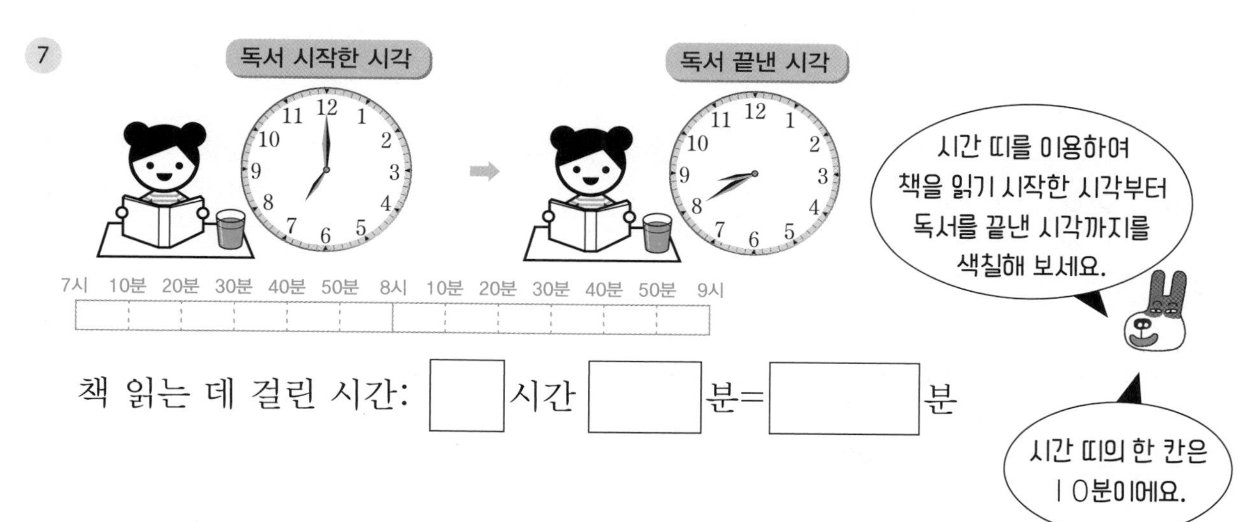

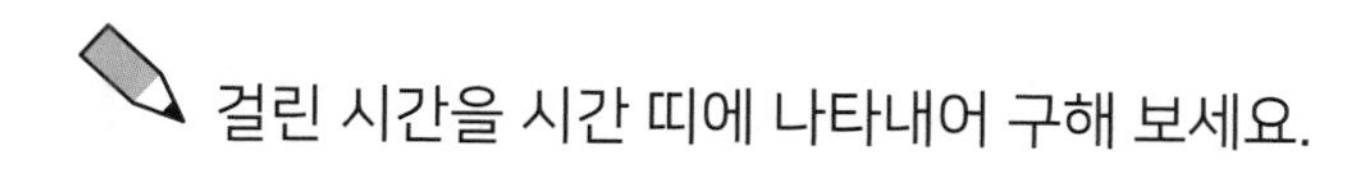
책 읽는 데 걸린 시간: □시간 □분=□분

8

운동하는 데 걸린 시간: □분=□시간 □분

9

숙제하는 데 걸린 시간: □시간 □분=□분

개념 다지기

□ 안에 알맞은 수를 써넣으세요.

1 1일=□시간

2 1일 10시간=□시간

3 48시간=□일

4 60시간=□일 □시간

5 2일 5시간=□시간

6 75시간=□일 □시간

(   ) 안에 '오전'과 '오후'를 알맞게 써 보세요.

7 아침 7시 ➡ (   )

8 낮 5시 ➡ (   )

9 밤 12시 ➡ (   )

10 낮 12시 ➡ (   )

걸린 시간을 시간 띠에 나타내어 구해 보세요.

11

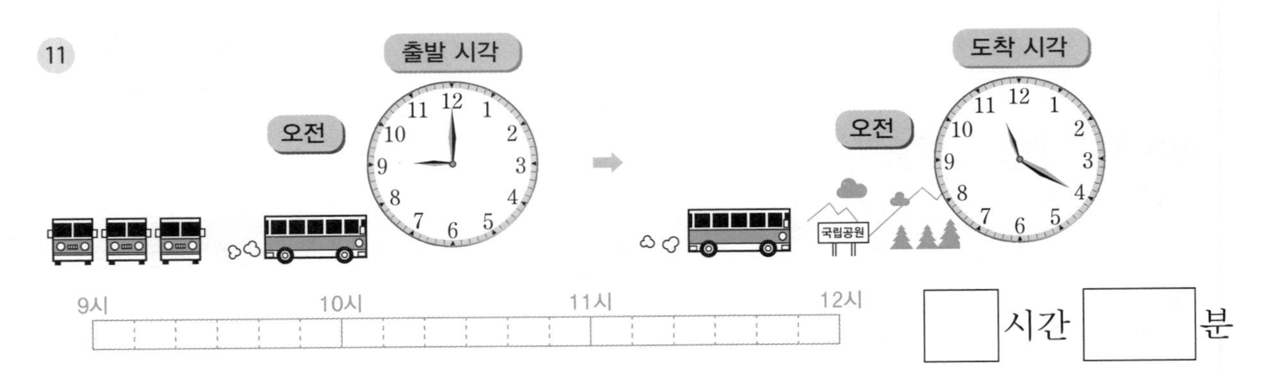

9시 10시 11시 12시

□시간 □분

12

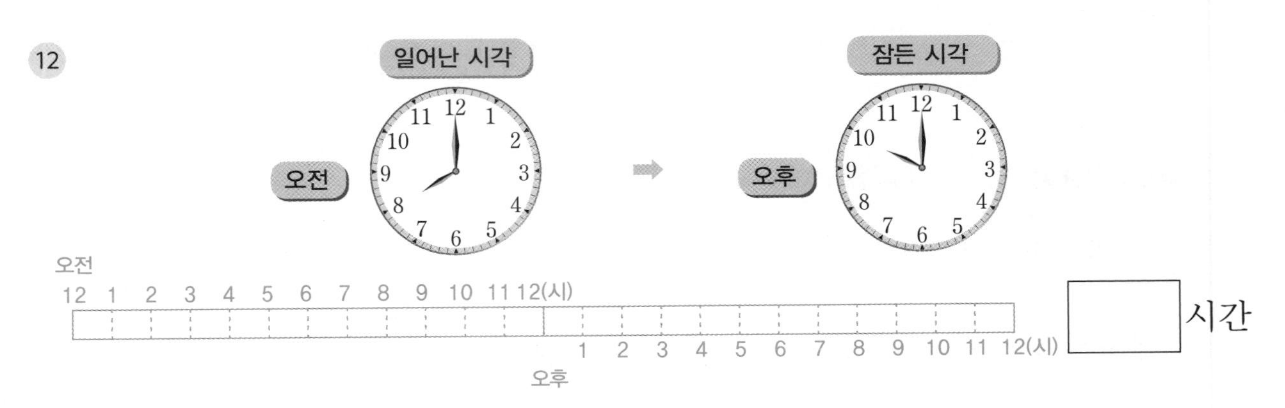

□시간

걸린 시간을 구해 보세요.

1

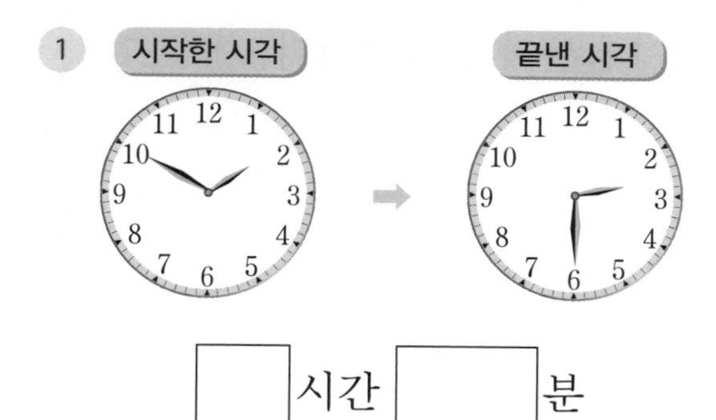

☐ 시간 ☐ 분

2

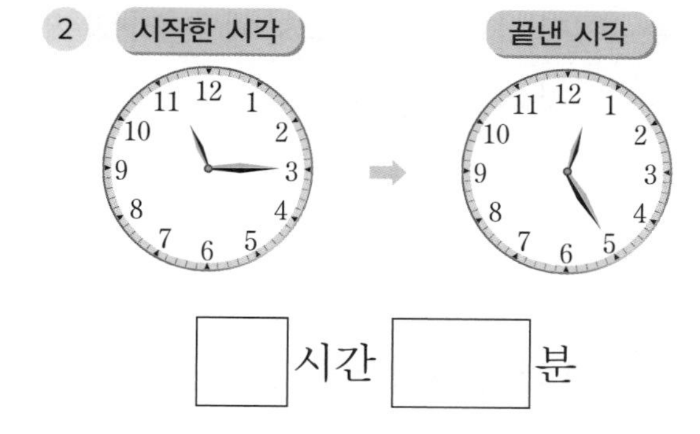

☐ 시간 ☐ 분

3

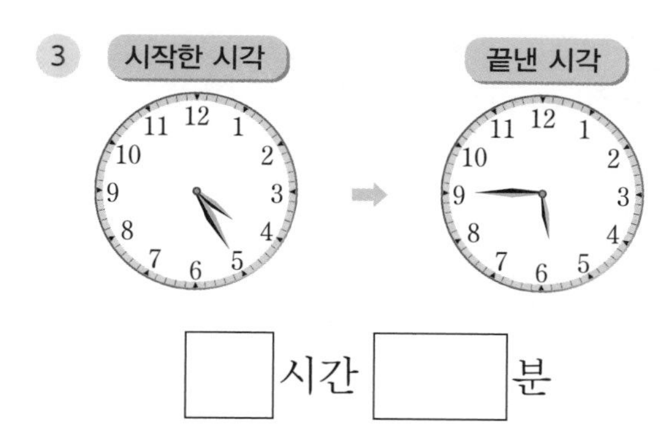

☐ 시간 ☐ 분

4

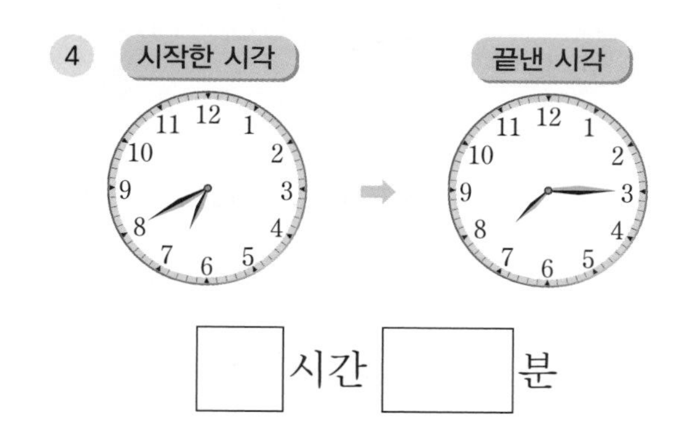

☐ 시간 ☐ 분

5

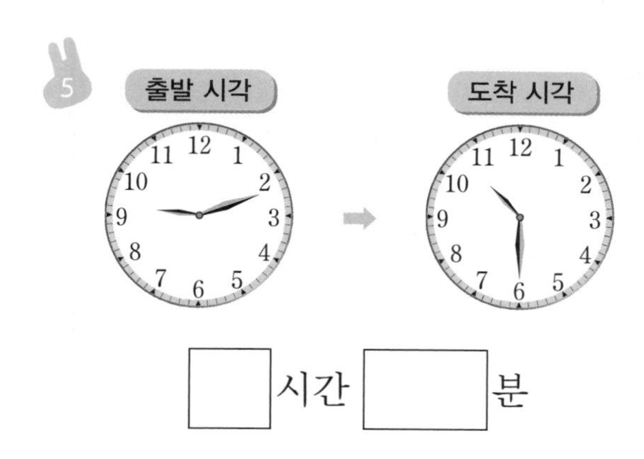

☐ 시간 ☐ 분

6

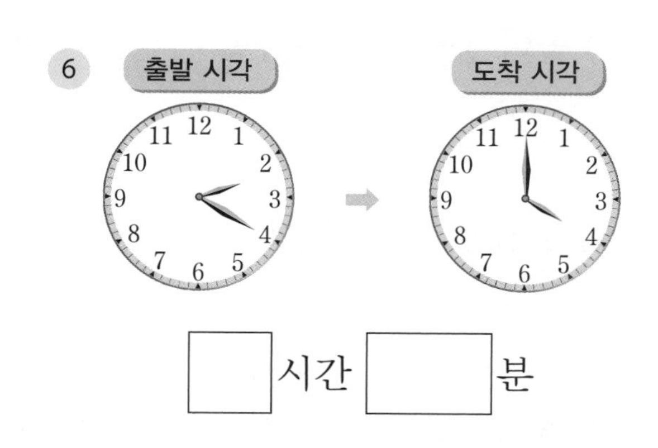

☐ 시간 ☐ 분

7

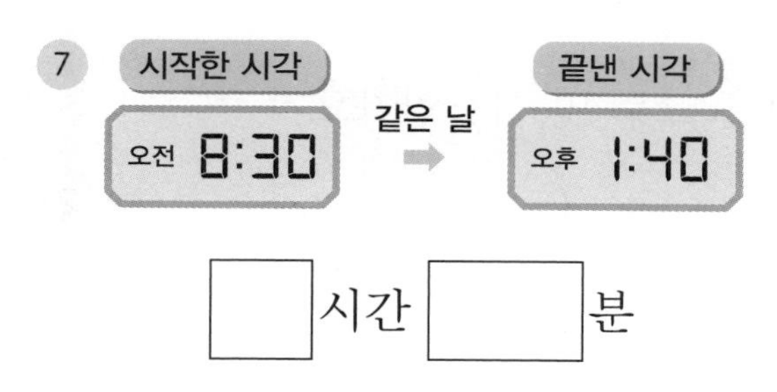

☐ 시간 ☐ 분

8

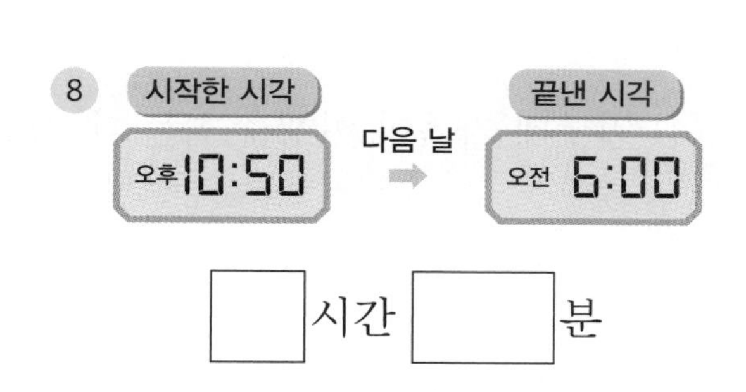

☐ 시간 ☐ 분

개념 키우기

물음에 답하세요.

1 축구 경기가 오후 4시에 시작되어 오후 6시 15분에 끝났습니다.
축구 경기를 한 시간은 얼마인가요?

( )시간 ( )분

2 민주네 가족 여행 일정표입니다. 물음에 답하세요.

	시간	할 일
오전	9:00~10:20	놀이 공원으로 이동
	10:20~12:00	놀이 기구 타기
오후	12:00~1:00	점심 식사
	1:00~3:00	놀이 기구 타기
	3:00~5:30	식물원 관람
	5:30~7:00	집으로 이동

(1) 놀이 공원으로 이동한 시간은 얼마인가요?

( )시간 ( )분=( )분

(2) 오전에 놀이 기구를 탄 시간은 모두 얼마인가요?

( )시간 ( )분=( )분

(3) 식물원을 관람한 시간은 얼마인가요?

( )시간 ( )분=( )분

(4) 민주네 가족이 여행을 하는 데 걸린 시간은 모두 몇 시간인가요?

( )시간

걸린 시간을 구해 보세요.

1
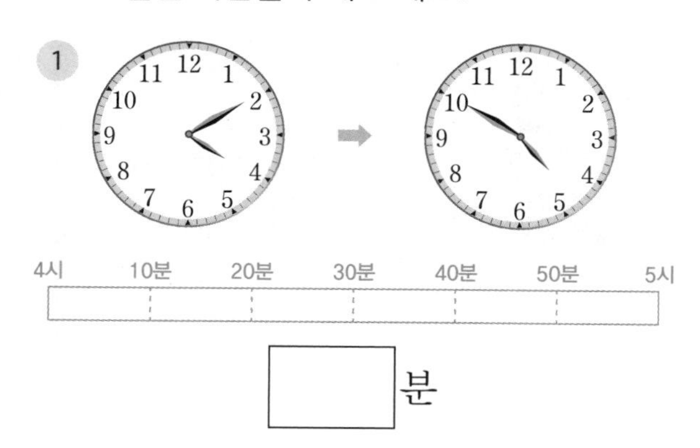

☐분

2
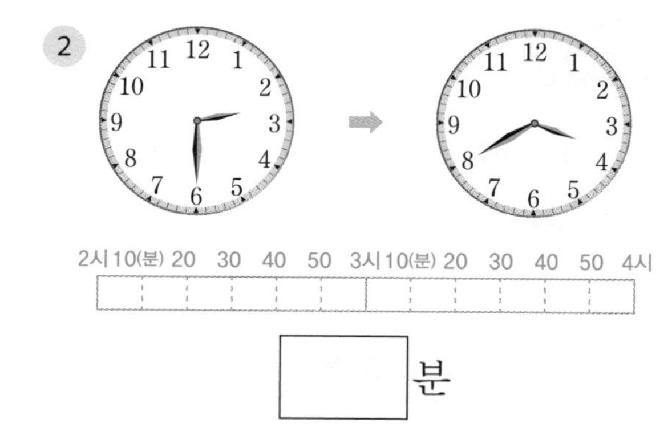

☐분

3
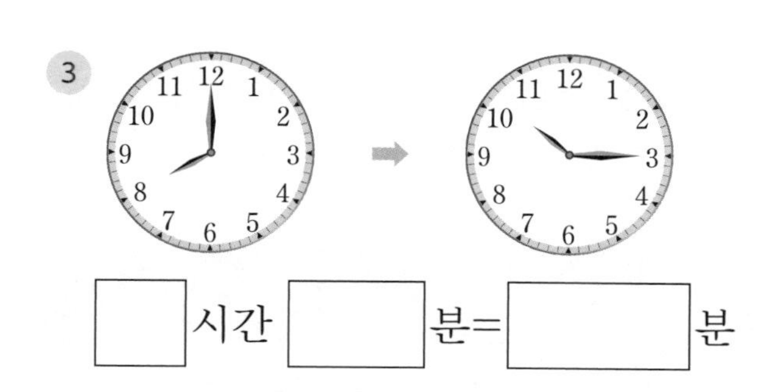

☐시간 ☐분=☐분

4
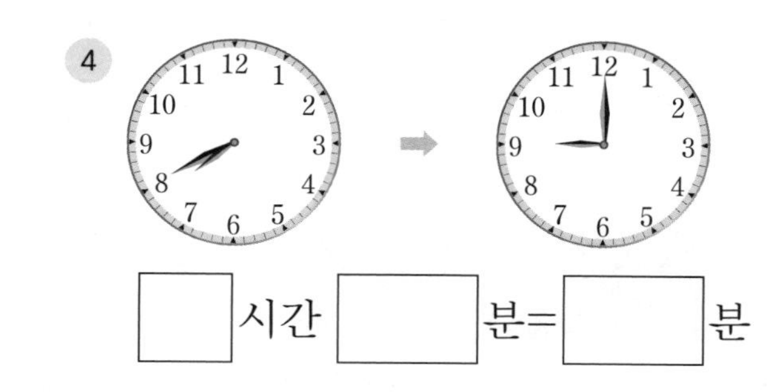

☐시간 ☐분=☐분

5
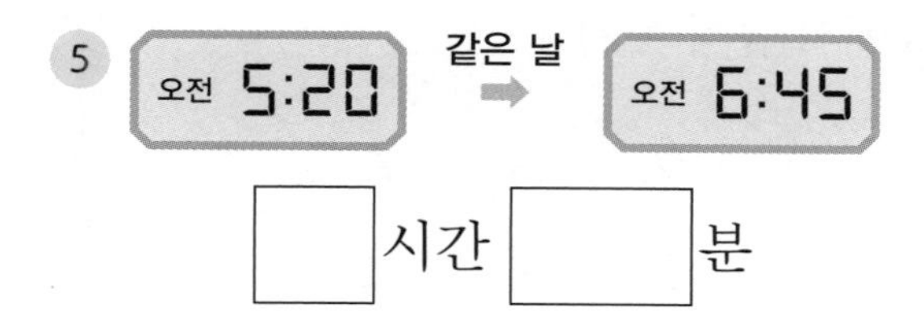

☐시간 ☐분

6
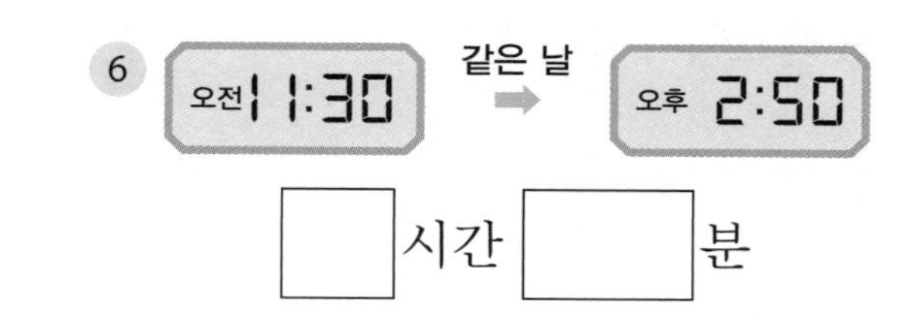

☐시간 ☐분

도전해 보세요

1 나리는 오전 8시에 일어나 13시간 후에 잠자리에 듭니다. 나리가 잠자리에 드는 시각을 시계에 나타내세요.

(오전, 오후)

2 시계가 가리키는 시각에서 긴바늘이 3바퀴를 더 돌면 몇 시 몇 분이 되나요?

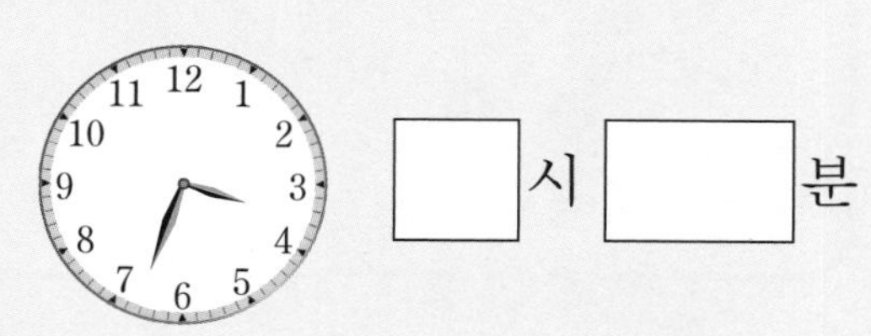

☐시 ☐분

20단계 표에서 규칙 찾기

개념연결

1-2규칙 찾기
수 배열표에서 규칙 찾기
1-3-[5]-7-9

2-2곱셈구구
곱셈표 만들기

×	1	2
2	2	4

표에서 규칙 찾기

3	4	5	6
4	5	6	7

4-1규칙 찾기
수의 배열에서 규칙 찾기
507 517 527 537

배운 것을 기억해 볼까요?

1 (1) 6 - 10 - ( ) - ( ) - 22

(2) 15 - ( ) - 25 - ( ) - 35

2

54	55	
64	65	
		76

덧셈표와 곱셈표에서 규칙을 찾을 수 있어요.

30초 개념

두 수의 합을 이용한 덧셈표, 두 수의 곱을 이용한 곱셈표에서 여러 가지 규칙을 찾을 수 있어요.

덧셈표에서 규칙 찾기

+	1	2	3	4
1	2	3	4	5
2	3	4	5	6
3	4	5	6	7
4	5	6	7	8

- 같은 줄에서 아래쪽으로 내려갈수록 1씩 커져요.
- 같은 줄에서 오른쪽으로 갈수록 1씩 커져요.
- ↘ 방향으로 2씩 커져요.
- ↗ 방향으로 같은 수들이 있어요.

곱셈표에서 규칙 찾기

×	1	2	3	4
1	1	2	3	4
2	2	4	6	8
3	3	6	9	12
4	4	8	12	16

- 아래쪽으로 내려갈수록 단의 수만큼 커져요.
- 오른쪽으로 갈수록 단의 수만큼 커져요.
  예 2단: 2, 4, 6, 8 ➡ 2씩 커져요.
  3단: 3, 6, 9, 12 ➡ 3씩 커져요.
- 2단, 4단 곱셈구구의 수는 모두 짝수예요.
- 1, 3단 곱셈구구의 수는 홀수와 짝수가 반복돼요.

표를 완성하고 규칙을 찾아 보세요.

1

+	2	4	6	8
2	4	6	8	10
4	6			
6		10		
8			14	

- 아래로 한 줄씩 내려갈수록 □씩 커져요.
- 오른쪽으로 한 칸씩 갈수록 □씩 커져요.
- ↘ 방향으로 □씩 커져요.
- 모든 수들이 (홀수, 짝수)예요.

가로줄과 세로줄이 만나는 칸에 두 수의 합을 써요.

2

+	1	3	5	7
1	2	4	6	8
3	4		8	
5		8		
7	8			

- 아래로 한 줄씩 내려갈수록 □씩 커져요.
- 오른쪽으로 한 칸씩 갈수록 □씩 커져요.
- ↘ 방향으로 □씩 커져요.
- 모든 수들이 (홀수, 짝수)예요.

3

×	2	3	4	5
3	6	9	12	15
4		12		
5	10			
6				30

- ━으로 색칠된 수들은 □씩 커져요.
- ┃으로 색칠된 수들은 □씩 커져요.

4

×	6	7	8	9
1	6	7	8	9
2	12			
3			24	
4				36

- ━으로 색칠된 수들은 □씩 커져요.
- ┃으로 색칠된 수들은 □씩 커져요.
- ━으로 색칠된 수들은 □씩 커져요.

개념 다지기

표를 완성하고 규칙을 찾아 보세요.

1

+	4	5	6	7
3	7	8	9	
4				11
5		10		
6			12	

규칙 1 아래로 한 줄씩 내려갈수록 □씩 커져요.

규칙 2 오른쪽으로 한 칸씩 갈수록 □씩 커져요.

규칙 3 ____________________

2

+	3		7	
2	5	7	9	11
	7		11	
6	9			
	11			

규칙 1 ____________________

규칙 2 ____________________

규칙 3 ____________________

3

×	6	7	8	9
2	12	14	16	18
3		21		
4			32	
5	30	35	40	45

규칙 1 ━으로 색칠된 수들은 □씩 커져요.

규칙 2 ━으로 색칠된 수들은 일의 자리 숫자가 □과 □가 반복돼요.

규칙 3 ____________________

4

×	0		6	
1	0	3	6	9
			12	
3		9		
			24	36

규칙 1 ____________________

규칙 2 ____________________

규칙 3 ____________________

표에서 규칙을 찾아 빈칸에 알맞은 수를 써넣으세요.

덧셈표

+	0	1	2	3
0				
1				
2				
3				

+	0	1
0	0	1
1	1	2
2	2	3
	3	

곱셈구구표

×	1	2	3	4
1				4
2				8
3				12
4				16

×	1	2
1	1	2
2	2	4
3	3	6
	4	

1

3		
		6
5	6	

2

6	9	
8		16
	15	
12		

3

11			
	13		
		15	
			17

4

	36		
	42		
		56	

5

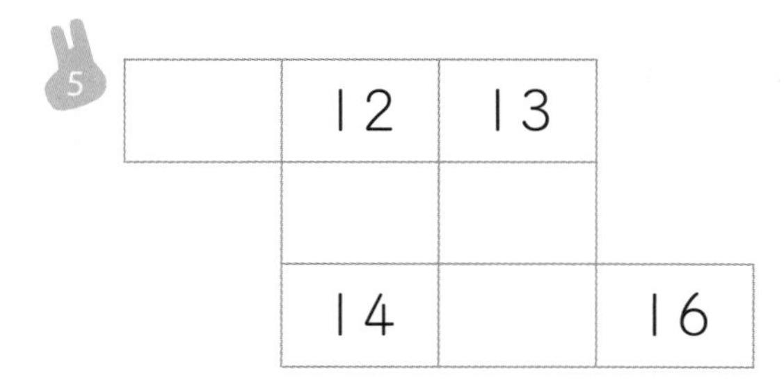

	12	13	
	14		16

6

24	30		
	35	42	49
	40		

문제를 해결해 보세요.

1 규칙을 찾아 빈 곳에 알맞은 수를 써넣으세요.

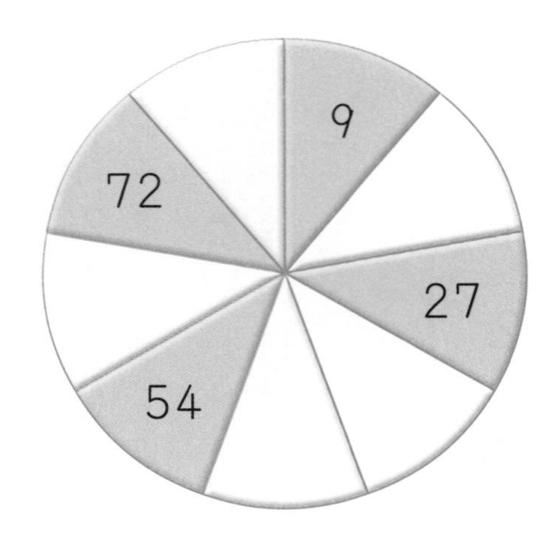

2 곱셈표를 보고 물음에 답하세요.

×	1	2	3	4	5	6	7	8	9
1	1	2	3	4	5	6	7	8	9
2	2	4							
3	3		9						
4	4			16					
5	5				25				
6	6					36			
7	7		★				49		
8	8							64	
9	9								81

(1) 빈칸에 알맞은 수를 써넣으세요.

(2) 색칠된 수들의 규칙과 규칙이 같은 곳을 찾아 색칠해 보세요.

(3) 곱이 8씩 커지는 줄을 찾아 색칠해 보세요.

(4) ⟍ 을 따라 접었을 때 ★과 만나는 수에 ◯표 하고, 두 수의 크기를 비교해 보세요.

( )

개념 다시보기

표를 완성하고 물음에 답하세요.

1

+	2	4	6	8
1				
3				
5				
7				

- 아래로 한 줄씩 내려갈수록 □씩 커져요.
- 오른쪽으로 한 칸씩 갈수록 □씩 커져요.
- ↘ 방향으로 □씩 커져요.

2

×	3	4	5	6
3				
4				
5				
6				

- ━으로 색칠된 수들은 □씩 커져요.
- ┃으로 색칠된 수들은 □씩 커져요.
- 곱이 6씩 커지는 줄을 찾아 색칠해 보세요.

도전해 보세요

1 덧셈표를 완성하고 규칙을 써 보세요.

+	3			
5	8	10	12	14
	9			
	10			
	11			

규칙 ______________________

2 곱셈표를 완성하고 규칙을 써 보세요.

×				
	1			
	2	4		
		6	9	
			12	16

규칙 ______________________

1~6학년 연산 개념연결 지도

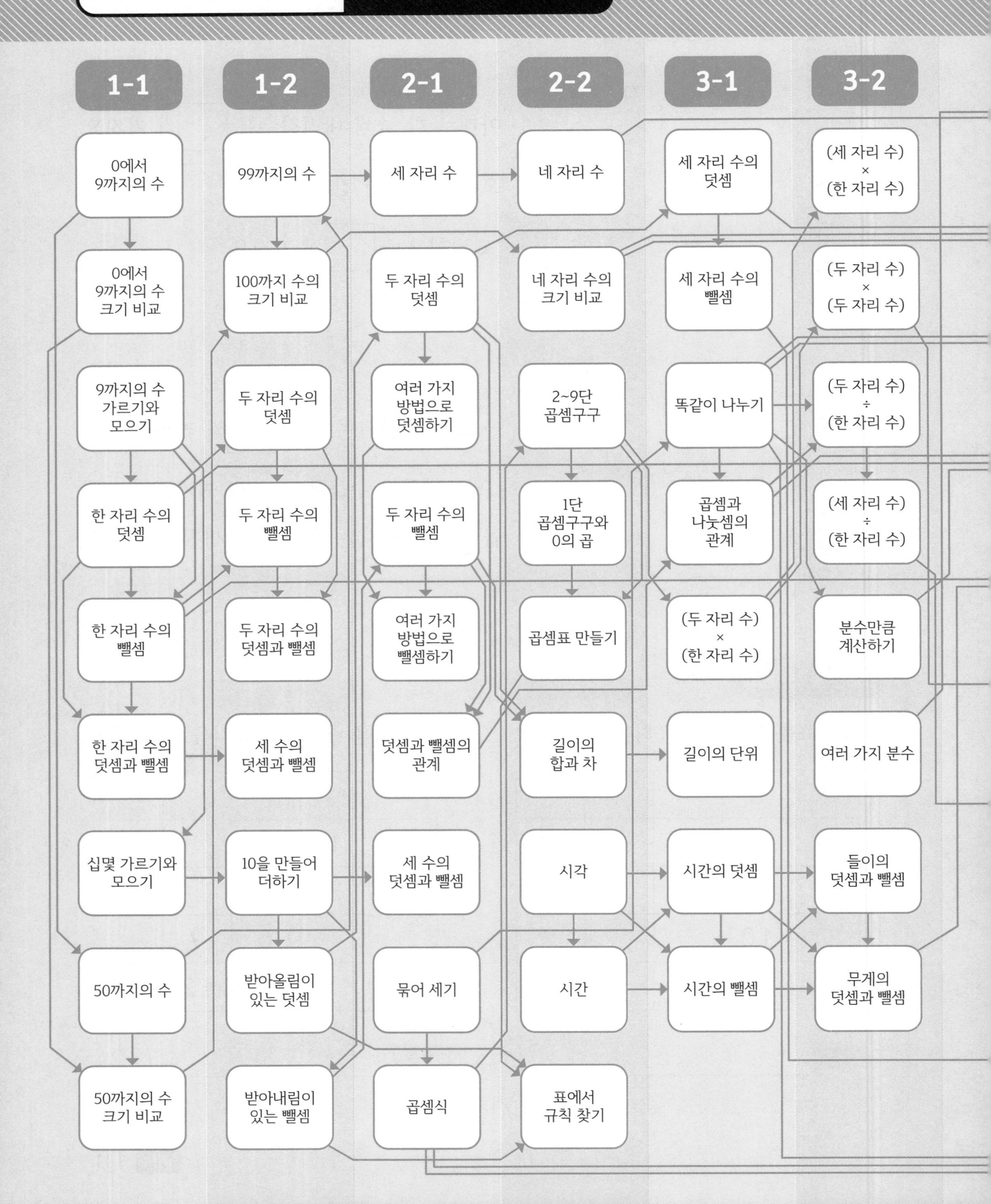

★ 연산 개념연결 지도는 비아북 블로그에서 다운로드받을 수 있습니다. blog.naver.com/viabook/221764401368 ★

개념연결

연산의 발견

정답과 풀이

선생님 놀이 해설

우리 친구의 설명이
해설과 조금 달라도 괜찮아.
개념을 이해하고 설명했다면
통과!

1단계 네 자리 수 1

배운 것을 기억해 볼까요? 012쪽

① 56　② 500　③ 〉

개념 익히기 013쪽

① 쓰기: 1324　읽기: 천삼백이십사
② 쓰기: 3552　읽기: 삼천오백오십이
③ 쓰기: 2730　읽기: 이천칠백삼십
④ 쓰기: 4206　읽기: 사천이백육

개념 다지기 014쪽

① (위에서부터) 3, 6, 2, 7
② (위에서부터) 4, 3, 1, 5
③ 6209
④ 5046
⑤ 7, 2, 6, 1
⑥ 1, 3, 1, 8
⑦ 6000, 400, 20, 9
⑧ 8000, 500, 70, 4
⑨ 6000
⑩ 60

④ 1000이 5이면 5000, 100이 0이면 0, 10이 4이면 40, 1이 6이면 6이므로 이 수는 5046이에요. 100이 0이므로, 백의 자리 수는 '0'입니다. '오천사십육'으로 읽어요.

개념 다지기 015쪽

① 3176　② 2541　③ 5672　④ 2405
⑤ 4264　⑥ 3626　⑦ 2131

선생님놀이

⑦ 1000원짜리 지폐 1장이면 1000원, 100원짜리 동전은 11개이므로 1100원이에요. 10원짜리 동전 3개는 30원, 1원짜리 동전 1개는 1원이므로 답은 2131원이에요.

개념 키우기 016쪽

① 700
② (1) 3, 3000; 4, 400; 6, 60; 3460
(2) 7, 7000; 7, 700; 9, 90; 7790

① 100이 7개면 700이에요.
② (1) 1000원짜리 3장은 3000원, 100원짜리 4개는 400원, 10원짜리 6개는 60원이므로 희선이의 저금통에는 모두 3460원이 들어 있어요.
(2) 희선이와 찬수의 저금통에 있는 돈을 합하면 1000원짜리 7장, 100원짜리 7개, 10원짜리 9개이므로 모두 7790원이에요.

개념 다시보기 017쪽

① 쓰기: 3627　읽기: 삼천육백이십칠
② 쓰기: 9252　읽기: 구천이백오십이
③ (위에서부터) 4, 0, 6, 8
④ (위에서부터) 6, 1, 3, 9

도전해 보세요 017쪽

① 9354　 ② 〈

① 백의 자리 수가 3이므로 남은 수 카드는 9〉5〉4입니다. 따라서 백의 자리 수가 3인 가장 큰 네 자리 수는 9354입니다.
② 2639와 2674의 크기를 비교해요. 천의 자리 수와 백의 자리 수가 같고 십의 자리 수를 비교하면 3〈7이므로 2674가 더 큰 수라는 걸 알 수 있어요.

2단계 네 자리 수 2

배운 것을 기억해 볼까요? 018쪽

1 250, 290, 310; 20　　2 〈　　3 〈

개념 익히기 019쪽

1 4000, 5000; 1000
2 5400, 5600; 100
3 6730, 6740; 10
4 2121, 1565; 1565, 2121
5 쓰기: 5555　읽기: 오천오백오십오

개념 다지기 020쪽

1 2800, 3000　　2 5534, 7534
3 5220, 5230, 5250　　3 7265, 7266
5 3547, 3587　　6 9250, 9350
7 2, 1, 6, 7; 〉　　8 4, 6, 7, 9; 〈

선생님풀이

5210과 5240을 살펴보면 십의 자리 수가 1에서 4로 커졌으므로 10씩 뛰어 세기를 한 수입니다. 따라서, 5210−5220−5230−5240−5250이에요.

개념 다지기 021쪽

1

3300	3400	3500	3600	3700
4300	4400	4500	4600	4700
5300	5400	5500	5600	5700
6300	6400	6500	6600	6700
7300	7400	7500	7600	7700

2 (4652) 2378　　3 5249 (5942)
4 3467 (3476)　　5 5836 (6012)
6 2904, 4076, 4356　　7 2596, 3584, 5197
8 4735, 5229, 5312　　9 6074, 6095, 7542

선생님풀이

천의 자리 수끼리 비교하면 4〉2이므로 2904가 가장 작은 수예요. 4076과 4356은 천의 자리 수가 같으므로 백의 자리 수끼리 비교해요. 0〈3이므로 4076은 4356보다 작습니다. 작은 수부터 순서대로 써 보면 2904, 4076, 4356이에요.

개념 키우기 022쪽

1 4275, 4285, 4295, 4305, 4315, 4325
2 (1) 식: 4000+300+80+3=4383　　답: 4383
(2) 식: 3000+1500+30+1=4531　　답: 4531
(3) 혜린

1 10씩 뛰어 센 수를 순서대로 써요.
2 (1) 1000원짜리 4장, 100원짜리 3개, 10원짜리 8개, 1원짜리 3개이므로 서윤이는 4383원을 모았어요.
(2) 1000원짜리 3장, 100원짜리 15개, 10원짜리 3개, 1원짜리 1개이므로 혜린이는 4531원을 모았어요.
(3) 서윤이는 4383원을 모았고 혜린이는 4531원을 모았어요. 4383〈4531이므로 혜린이가 더 많이 모았어요.

개념 다시보기 023쪽

1 2936, 2946, 2956　　2 2912, 4912
3 4375, 4378　　4 4423, 4723, 4823
5 작습니다에 ○표　　6 큽니다에 ○표
7 큽니다에 ○표　　8 작습니다에 ○표

도전해 보세요 023쪽

❶ 7610, 1067 ❷ 6, 7, 8, 9

❶ 가장 큰 수를 만들려면 큰 수부터 순서대로 천의 자리, 백의 자리, 십의 자리, 일의 자리에 놓습니다. $7>6>1>0$이므로 가장 큰 수는 7610이에요. 가장 작은 수를 만들려면 작은 수부터 순서대로 천의 자리, 백의 자리, 십의 자리, 일의 자리에 놓습니다. $0<1<6<7$이고, 0은 천의 자리에 올 수 없으므로 가장 작은 수는 1067이에요.

❷ 천의 자리 수가 같고 십의 자리 수가 $6<7$이므로 백의 자리 수는 5보다 커야 해요. 따라서 □에는 6, 7, 8, 9가 들어갈 수 있습니다.

3단계 곱셈구구-2단

배운 것을 기억해 볼까요? 024쪽

1 (1) 6, 8 (2) 9, 15
2 (1) 15; 15 (2) 12; 2, 12 (3) 28; 4, 28

개념 익히기 025쪽

1 2
2 2+2=4; 2, 4
3 2+2+2=6; 3, 6
4 2+2+2+2=8; 4, 8
5 2+2+2+2+2=10; 5, 10
6 2+2+2+2+2+2=12; 6, 12
7 2+2+2+2+2+2+2=14; 7, 14
8 2+2+2+2+2+2+2+2=16; 8, 16
9 2+2+2+2+2+2+2+2+2=18; 9, 18

개념 다지기 026쪽

2 4, 8 3 6, 12 4 3, 6 5 1, 2
❻ 5, 10 7 7, 14 8 9, 18 9 4, 8
❿ 8, 16 11 5, 10 12 6, 12

선생님놀이

6 도넛이 한 접시에 2개씩 5접시 있으므로 2씩 5번 뛰어 세면 2-4-6-8-10이에요. 곱셈식으로 나타내면 $2 \times 5=10$이에요.

10 야구공이 2개씩 8묶음 있으므로 2씩 8번 뛰어 세면 2-4-6-8-10-12-14-16이에요. 곱셈식으로 나타내면 $2 \times 8=16$이에요.

개념 다지기 027쪽

1 $2 \times 1 = 2$ 2 $2 \times 3 = 6$
3 $2 \times 2 = 4$ ❹ $2 \times 4 = 8$
5 $2 \times 6 = 12$ 6 $2 \times 8 = 16$
7 $2 \times 5 = 10$ 8 $2 \times 9 = 18$
❾ $2 \times 7 = 14$ 10 $2 \times 4 = 8$

선생님놀이

4 $2 \times 4 = 8$
사과가 2개씩 4묶음 있으므로 곱셈구구로 나타내면 $2 \times 4=8$이에요.

9 $2 \times 7 = 14$
바나나가 2개씩 7묶음 있으므로 곱셈구구로 나타내면 $2 \times 7=14$예요.

개념 키우기 028쪽

1 식: $2 \times 5=10$ 답: 10
2 (1) 식: $2 \times 4=8$ 답: 8
(2) 식: $2 \times 7=14$ 답: 14
(3) 식: $2 \times 6=12$ 답: 12

1 오리 한 마리의 다리가 2개이므로, 오리 5마리의 다리를 구하는 식은 2×5예요. 2씩 5번 뛰어 세면 2-4-6-8-10이므로 오리 5마리의 다리는 모두 10개입니다.

2 (1) 파인애플이 2개씩 4묶음 있어요. 따라서 파인애플은 $2\times4=8$(개)이므로 모두 8개입니다.
(2) 사과는 2개씩 7묶음 있어요. 따라서 사과는 $2\times7=14$(개)이므로 모두 14개입니다.
(3) 딸기는 2개씩 6묶음 있어요. 따라서 딸기는 $2\times6=12$(개)이므로 모두 12개입니다.

개념 다시보기 029쪽

1 3, 6　2 1, 2　3 4, 8
4 6, 12　5 5, 10　6 9, 18
7 7, 14　8 8, 16　9 2, 4

도전해 보세요 029쪽

1

5	(4)	(2)	(8)	7
(6)	11	13	(14)	15
(10)	(12)	17	(16)	(18)

2 (1) 15　(2) 35

1 2단 곱셈구구에 나오는 값은 2, 4, 6, 8, 10, 12, 14, 16, 18입니다.
2 (1) 5씩 3번 뛰어 세면 5−10−15예요.
(2) 5씩 7번 뛰어 세면 5−10−15−20−25−30−35예요.

4단계 곱셈구구-5단

배운 것을 기억해 볼까요? 030쪽

1 (1) 15, 25　(2) 18, 24
2 (1) 4; 4　(2) 9; 3, 9　(3) 36; 4, 36

개념 익히기 031쪽

1 5
2 5+5=10; 2, 10
3 5+5+5=15; 3, 15
4 5+5+5+5=20; 4, 20
5 5+5+5+5+5=25; 5, 25
6 5+5+5+5+5+5=30; 6, 30
7 5+5+5+5+5+5+5=35; 7, 35
8 5+5+5+5+5+5+5+5=40; 8, 40
9 5+5+5+5+5+5+5+5+5=45; 9, 45

개념 다지기 032쪽

2 4, 20　3 6, 30　4 5, 25　5 5, 35
6 1, 5　7 7, 35　8 5, 45　9 5, 30
10 3, 15　11 5, 25　12 8, 40

선생님놀이

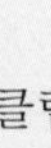

9 클립이 5개씩 6묶음이므로 곱셈식으로 나타내면 $5\times6=30$이에요.

11 손가락의 수가 5개인 장갑이 5개 있으므로 곱셈식으로 나타내면 $5\times5=25$예요.

개념 다지기 033쪽

1 5 × 3 = 1 5　2 5 × 5 = 2 5
3 5 × 4 = 2 0　4 5 × 8 = 4 0
5 5 × 6 = 3 0　6 5 × 1 = 5
7 5 × 7 = 3 5　8 5 × 5 = 2 5
9 5 × 2 = 1 0　10 5 × 9 = 4 5

선생님놀이

4 5 × 8 = 4 0
구슬이 5개씩 8묶음이므로 곱셈구구로 나타내면 $5\times8=40$이에요.

10 5 × 9 = 4 5
구슬이 5개씩 9묶음이므로 곱셈구구로 나타내면 $5\times9=45$예요.

개념 키우기 034쪽

1 식: $5\times6=30$ 답: 30
2 (1) 식: $5\times1=5$ 답: 5
(2) 식: $5\times4=20$ 답: 20
(3) 식: $5\times9=45$ 답: 45

1 상자 한 개의 길이가 5 cm이므로, 상자 6개를 이은 길이는 $5\times6=30$(cm)예요. 답은 30 cm입니다.
2 (1) 자동차 한 대에 학생이 5명씩 타고 있으므로, 출발한 학생은 $5\times1=5$(명), 모두 5명이에요.
(2) 자동차가 오른쪽에 있는 것부터 차례로 출발한다고 했어요. 자동차 한 대가 이미 출발했고, 4대가 더 출발했으므로 남은 자동차는 4대입니다. 자동차 4대에 남아 있는 학생 수는 $5\times4=20$(명), 모두 20명이에요.
(3) 9대의 자동차가 모두 출발했으므로 출발한 학생 수는 $5\times9=45$(명), 모두 45명이에요.

개념 다시보기 035쪽

1 3, 15　2 6, 30　3 2, 10
4 5, 25　5 4, 20　6 1, 5
7 9, 45　8 8, 40　9 7, 35

도전해 보세요 035쪽

1 8, 40
2 (1) 12 (2) 18

1 성냥개비가 5개씩 8묶음 있으므로 5씩 8번 뛰어 세면 5-10-15-20-25-30-35-40이에요. 곱셈식으로 나타내면 $5\times8=40$입니다.
2 (1) 3씩 4번 뛰어 세면 3-6-9-12예요.
(2) 3씩 6번 뛰어 세면 3-6-9-12-15-18이에요.

5단계 곱셈구구-3단

배운 것을 기억해 볼까요? 036쪽

1 (1) 9, 15 (2) 8, 12, 20
2 (1) 10; 10 (2) 6; 3, 6 (3) 12; 4, 12

개념 익히기 037쪽

1 3
2 $3+3=6$; 2, 6
3 $3+3+3=9$; 3, 9
4 $3+3+3+3=12$; 4, 12
5 $3+3+3+3+3=15$; 5, 15
6 $3+3+3+3+3+3=18$; 6, 18
7 $3+3+3+3+3+3+3=21$; 7, 21
8 $3+3+3+3+3+3+3+3=24$; 8, 24
9 $3+3+3+3+3+3+3+3+3=27$; 9, 27

개념 다지기 038쪽

2 4, 12　3 2, 6　4 3, 18　5 5, 15
6 2, 10　7 8, 24　8 6, 18　9 1, 3
10 5, 20　11 3, 27　12 3, 21

선생님놀이 

4 클립이 3개씩 6묶음이므로 곱셈식으로 나타내면 $3\times6=18$이에요.

11 귤이 3개씩 9묶음이므로 곱셈식으로 나타내면 $3\times9=27$이에요.

개념 다지기 039쪽

1 $3\times2=6$　2 $3\times4=12$
3 $3\times1=3$　4 $3\times5=15$
5 $3\times6=18$　6 $3\times3=9$
7 $3\times8=24$　8 $3\times7=21$

9 | 3 | × | 5 | = | 1 | 5 |

10 | 3 | × | 9 | = | 2 | 7 |

선생님놀이

3	×	5	=	1	5

쿠키가 3개씩 5접시 있으므로 곱셈구구로 나타내면 $3\times5=15$예요.

3	×	8	=	2	4

쿠키가 3개씩 8접시 있으므로 곱셈구구로 나타내면 $3\times8=24$예요.

개념 키우기 040쪽

1 식: $3\times7=21$ 답: 21
2 (1) 식: $3\times2=6$ 답: 6
(2) 식: $3\times3=9$ 답: 9
(3) 식: $3\times6=18$ 답: 18

1 바구니 7개에 사과가 각각 3개씩 들어 있으므로, 곱셈식으로 나타내면 $3\times7=21$이에요. 사과는 모두 21개 들어 있습니다.
2 (1) 버스 한 칸에 3명씩 탈 수 있으므로, 버스 2칸에 탈 수 있는 사람은 $3\times2=6$(명), 모두 6명이에요.
(2) 버스 한 대가 3칸으로 되어 있으므로 버스 한 대에는 모두 $3\times3=9$(명), 9명이 탈 수 있습니다.
(3) 버스 한 대가 3칸으로 되어 있으므로 버스 2대는 6칸입니다. 한 칸에 사람이 3명씩 탈 수 있으므로 6칸에는 모두 $3\times6=18$(명), 18명이 탈 수 있습니다.

개념 다시보기 041쪽

1 2, 6 2 5, 15 3 3, 9
4 6, 18 5 4, 12 6 1, 3
7 8, 24 8 7, 21 9 9, 27

도전해 보세요 041쪽

1
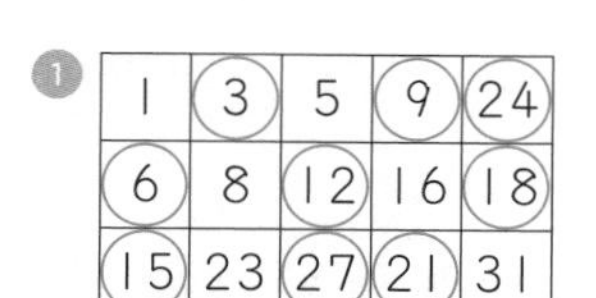

1	3	5	9	24
6	8	12	16	18
15	23	27	21	31

2 (1) 18 (2) 30

1 3단 곱셈구구에 나오는 값은 3, 6, 9, 12, 15, 18, 21, 24, 27입니다.
2 (1) 6씩 3번 뛰어 세면 6−12−18이에요.
(2) 6씩 5번 뛰어 세면 6−12−18−24−30이에요.

6단계 곱셈구구-6단

배운 것을 기억해 볼까요? 042쪽

1 (1) 21 (2) 24
2 (1) 12, 15 (2) 18, 30

개념 익히기 043쪽

1 6
2 $6+6=12$; 2, 12
3 $6+6+6=18$; 3, 18
4 $6+6+6+6=24$; 4, 24
5 $6+6+6+6+6=30$; 5, 30
6 $6+6+6+6+6+6=36$; 6, 36
7 $6+6+6+6+6+6+6=42$; 7, 42
8 $6+6+6+6+6+6+6+6=48$; 8, 48
9 $6+6+6+6+6+6+6+6+6=54$; 9, 54

개념 다지기 044쪽

2 3, 18 3 6, 30 4 2, 12 5 3, 12
6 6, 48 7 3, 18 8 6, 42 9 6, 30
10 6, 54 11 4, 24 12 6, 36

선생님놀이

6개씩 8묶음이 있으므로, 곱셈식으로 나타내면 $6 \times 8 = 48$이에요.

6개씩 4묶음이 있으므로, 곱셈식으로 나타내면 $6 \times 4 = 24$예요.

개념 다지기 045쪽

1. $6 \times 2 = 12$
2. $6 \times 4 = 24$
3. $6 \times 3 = 18$
4. $6 \times 5 = 30$
5. $6 \times 7 = 42$
6. $6 \times 9 = 54$
7. $6 \times 1 = 6$
8. $6 \times 3 = 18$
9. $6 \times 8 = 48$
10. $6 \times 6 = 36$

선생님놀이

$6 \times 7 = 42$
6개씩 7묶음이 있으므로, 곱셈구구로 나타내면 $6 \times 7 = 42$예요.

$6 \times 6 = 36$
6개씩 6묶음이 있으므로, 곱셈구구로 나타내면 $6 \times 6 = 36$이에요.

개념 키우기 046쪽

1. 식: $6 \times 6 = 36$ 답: 36
2. (1) 식: $6 \times 3 = 18$ 답: 18
   (2) 식: $6 \times 6 = 36$ 답: 36

1. 보트 6대에 각각 6명이 타고 있으므로, 곱셈식으로 나타내면 $6 \times 6 = 36$이에요. 보트 6대에는 모두 36명이 타고 있습니다.
2. (1) 모든 곤충은 다리가 6개라고 했습니다. 귀뚜라미의 다리 6개, 벼메뚜기의 다리 6개, 방아깨비의 다리 6개가 있으므로 곱셈식으로 나타내면 $6 \times 3 = 18$이에요. 귀뚜라미, 벼메뚜기, 방아깨비의 다리는 모두 18개입니다.
   (2) 곤충 6마리의 다리 수를 곱셈식으로 나타내면 $6 \times 6 = 36$이에요. 곤충 6마리의 다리 수는 모두 36개입니다.

개념 다시보기 047쪽

1. 4, 24
2. 3, 18
3. 5, 30
4. 1, 6
5. 2, 12
6. 6, 36
7. 8, 48
8. 7, 42
9. 9, 54

도전해 보세요 047쪽

1. 18
2. (1) 8 (2) 24

1. 삼각형 모양 한 개를 만들려면 성냥개비가 3개 필요해요. 따라서 삼각형 모양을 6개 만드는 데 사용한 성냥개비의 수를 곱셈식으로 나타내면 $3 \times 6 = 18$이에요. 성냥개비를 18개 사용했어요.
2. (1) 4씩 2번 뛰어 세면 4−8이에요.
   (2) 4씩 6번 뛰어 세면 4−8−12−16−20−24예요.

7단계 곱셈구구-4단

배운 것을 기억해 볼까요? **048쪽**

1 (위에서부터) 6, 10
2 (1) 12; 4, 12 (2) 8; 4, 8

개념 익히기 **049쪽**

1 4
2 4+4=8; 2, 8
3 4+4+4=12; 3, 12
4 4+4+4+4=16; 4, 16
5 4+4+4+4+4=20; 5, 20
6 4+4+4+4+4+4=24; 6, 24
7 4+4+4+4+4+4+4=28; 7, 28
8 4+4+4+4+4+4+4+4=32; 8, 32
9 4+4+4+4+4+4+4+4+4=36; 9, 36

개념 다지기 **050쪽**

2 7, 28　3 4, 32　4 5, 20　5 1, 4
6 4, 24　7 7, 28　8 3, 15　9 9, 36
10 4, 16　11 4, 8　12 5, 20

선생님놀이

6 사과가 한 봉지에 4개씩 6봉지 있으므로 사과의 수를 곱셈식으로 나타내면 4×6=24예요. 사과는 모두 24개 있어요.

12 귤이 한 접시에 4개씩 5접시 있으므로 귤의 수를 곱셈식으로 나타내면 4×5=20이에요. 귤은 모두 20개 있어요.

개념 다지기 **051쪽**

1 4 × 6 = 2 4　2 4 × 5 = 2 0
3 4 × 4 = 1 6　4 4 × 2 = 8
5 4 × 7 = 2 8　6 4 × 3 = 1 2
7 4 × 1 = 4　8 4 × 6 = 2 4
9 4 × 8 = 3 2　10 4 × 9 = 3 6

선생님놀이 

5 4 × 7 = 2 8
딱풀이 4개씩 7묶음이므로 딱풀의 개수를 곱셈구구로 나타내면 4×7=28이에요.

10 4 × 9 = 3 6
딱풀이 4개씩 9묶음이므로 딱풀의 개수를 곱셈구구로 나타내면 4×9=36이에요.

개념 키우기 **052쪽**

1 식: 4×6=24　답: 24
2 (1) 식: 4×2=8　답: 8
(2) 식: 4×5=20　답: 20
(3) 식: 4×9=36　답: 36

1 한 모둠에 4명씩 모두 6개의 모둠이 있으므로 곱셈식으로 나타내면 4×6=24예요. 은솔이네 반 학생은 24명입니다.
2 (1) 음료수 한 줄에 4개씩 포장되어 있으므로 음료수 2줄이 몇 개인지 곱셈식으로 나타내면 4×2=8이에요. 답은 8개입니다.
(2) 음료수 5줄이 몇 개인지 곱셈식으로 나타내면 4×5=20이에요. 답은 20개입니다.
(3) 그림을 보면 음료수는 한 줄에 4개씩 9줄 있어요. 곱셈식으로 나타내면 4×9=36이므로 음료수는 모두 36개입니다.

개념 다시보기 **053쪽**

1 1, 4　2 3, 12　3 5, 20
4 8, 32　5 4, 16　6 9, 36
7 2, 8　8 6, 24　9 7, 28

도전해 보세요 053쪽

❶

15	(28)	(20)	26	(24)
(16)	38	15	22	14
42	(8)	(4)	10	(12)
34	18	(32)	30	(36)

❷ (1) 24 (2) 40

❶ 4단 곱셈구구에 나오는 값은 4, 8, 12, 16, 20, 24, 28, 32, 36입니다.
❷ (1) 8씩 3번 뛰어 세면 8-16-24예요.
(2) 8씩 5번 뛰어 세면 8-16-24-32-40이에요.

8단계 곱셈구구-8단

배운 것을 기억해 볼까요? 054쪽

1 (위에서부터) 8, 20, 32
2 (위에서부터) 24, 48

개념 익히기 055쪽

1 8
2 8+8=16; 2, 16
3 8+8+8=24; 3, 24
4 8+8+8+8=32; 4, 32
5 8+8+8+8+8=40; 5, 40
6 8+8+8+8+8+8=48; 6, 48
7 8+8+8+8+8+8+8=56; 7, 56
8 8+8+8+8+8+8+8+8=64; 8, 64
9 8+8+8+8+8+8+8+8+8=72; 9, 72

개념 다지기 056쪽

2 8, 8　3 9, 72　4 4, 20　❺ 3, 24
6 8, 48　7 8, 64　8 8, 32　9 2, 16
10 6, 36　11 8, 40　⓬ 7, 56

선생님놀이

❺ 구슬이 8개씩 3묶음이 있으므로 곱셈식으로 나타내면 8×3=24예요.

⓬ 귤이 8개씩 7묶음이 있으므로 곱셈식으로 나타내면 8×7=56이에요.

개념 다지기 057쪽

1 8 × 1 = 8　2 8 × 2 = 16
3 8 × 4 = 32　4 8 × 6 = 48
❺ 8 × 8 = 64　6 8 × 7 = 56
7 8 × 9 = 72　8 8 × 5 = 40

선생님놀이

❺ 8 × 8 = 64
◆ 모양이 8개씩 8묶음이 있으므로 ◆ 모양의 개수를 곱셈구구로 나타내면 8×8=64예요.

개념 키우기 058쪽

1 (1) 식: 4×3=12　답: 12
(2) 식: 8×2=16　답: 16
(3) 식: 12+16=28　답: 28
2 (1) 식: 8×3=24　답: 24
(2) 식: 8×6=48　답: 48
(3) 식: 24+48=72　답: 72

1 (1) 과녁에서 4점짜리를 맞힌 화살의 수는 3발이에요. 곱셈식으로 나타내면 $4\times3=12$이므로 4점짜리를 맞혀 얻은 점수는 모두 12점입니다.
(2) 과녁에서 8점짜리를 맞힌 화살의 수는 2발이에요. 곱셈식으로 나타내면 $8\times2=16$이므로 8점짜리를 맞혀 얻은 점수는 모두 16점입니다.
(3) 4점짜리를 맞혀 얻은 점수가 12점, 8점짜리를 맞혀 얻은 점수가 16점이므로 지민이가 얻은 점수는 모두 $12+16=28$, 28점이에요.

2 (1) 한 접시에 만두가 8개씩 있어요. 3종류를 묶은 **갑 세트**를 주문하면 만두는 모두 $8\times3=24$, 24개예요.
(2) 6종류를 묶은 **을 세트**를 주문하면 만두는 모두 $8\times6=48$, 48개예요.
(3) **갑 세트**에는 만두가 $8\times3=24$(개), **을 세트**에는 만두가 $8\times6=48$(개) 있어요. **갑 세트** 하나, **을 세트** 하나를 주문하면 만두는 모두 $24+48=72$(개)입니다.

개념 다시보기 **059쪽**

1 5, 40　2 2, 16　3 4, 32
4 6, 48　5 1, 8　6 7, 56
7 8, 64　8 9, 72　9 3, 24

도전해 보세요 **059쪽**

1 7, 5, 6　2 (1) 28　(2) 35

1 수 카드를 한 번씩만 사용해야 해요. 곱셈식에 주어진 수가 8이므로, 8단 곱셈구구 중에서 답을 찾을 수 있어요. 곱셈식을 완성하면 $8\times7=56$입니다.
2 (1) 7씩 4번 뛰어 세면 7−14−21−28이에요.
(2) 7씩 5번 뛰어 세면 7−14−21−28−35예요.

9단계 곱셈구구-7단

배운 것을 기억해 볼까요? **060쪽**

1 (위에서부터) 6, 20, 10, 12
2 (1) 24　(2) 18

개념 익히기 **061쪽**

1 7
2 $7+7=14$; 2, 14
3 $7+7+7=21$; 3, 21
4 $7+7+7+7=28$; 4, 28
5 $7+7+7+7+7=35$; 5, 35
6 $7+7+7+7+7+7=42$; 6, 42
7 $7+7+7+7+7+7+7=49$; 7, 49
8 $7+7+7+7+7+7+7+7=56$; 8, 56
9 $7+7+7+7+7+7+7+7+7=63$; 9, 63

개념 다지기 **062쪽**

2 5, 35　3 7, 7　4 7, 42　5 2, 14
6 9, 63　7 7, 28　8 6, 42　9 7, 35
10 8, 56　11 7, 21　12 7, 49

선생님놀이 

4 7개씩 6묶음이므로 곱셈식으로 나타내면 $7\times6=42$예요.

10 7개씩 8묶음이므로 곱셈식으로 나타내면 $7\times8=56$이에요.

개념 다지기 **063쪽**

1 7 × 5 = 3 5　2 7 × 3 = 2 1
3 7 × 2 = 1 4　4 7 × 4 = 2 8
5 7 × 9 = 6 3　6 7 × 6 = 4 2
7 7 × 7 = 4 9　8 7 × 8 = 5 6

선생님놀이

7 × 7 = 4 9
풍선이 7개씩 7묶음이 있으므로 풍선의 개수를 곱셈구구로 나타내면 $7\times7=49$예요.

7 × 5 = 3 5
풍선이 7개씩 5묶음이 있으므로 풍선의 개수를 곱셈구구로 나타내면 $7\times5=35$예요.

개념 키우기 064쪽

1 식: $7\times6=42$ 답: 42
2 (1) 식: $7\times3=21$ 답: 21
(2) 식: $7\times7=49$ 답: 49

1 구슬이 한 상자에 7개씩 들어 있으므로 상자 6개에는 구슬이 $7\times6=42$, 42개 들어 있어요.
2 (1) 춘우는 1월 1일부터 한 달 동안 매일 7쪽씩 책을 읽었으므로, 1월 3일까지 읽은 책의 쪽수를 곱셈식으로 나타내면 $7\times3=21$이에요. 춘우는 1월 3일까지 책을 모두 21쪽 읽었습니다.
(2) 일주일은 7일이에요. 춘우가 일주일 동안 읽은 책의 쪽수를 곱셈식으로 나타내면 $7\times7=49$예요. 춘우는 일주일 동안 책을 모두 49쪽 읽었습니다.

개념 다시보기 065쪽

1 5, 35　2 2, 14　3 4, 28
4 6, 42　5 9, 63　6 3, 21
7 1, 7　8 8, 56　9 7, 49

도전해 보세요 065쪽

1

49(○)	55	56(○)	14(○)	27
32	7(○)	10	61	35(○)
57	19	28(○)	17	24
21(○)	30	63(○)	42(○)	39

2 (1) 18　(2) 36

1 7단 곱셈구구에 나오는 값은 7, 14, 21, 28, 35, 42, 49, 56, 63입니다.
2 (1) 9씩 2번 뛰어 세면 9−18이에요.
(2) 9씩 4번 뛰어 세면 9−18−27−36이에요.

10단계 곱셈구구-9단

배운 것을 기억해 볼까요? 066쪽

1 (위에서부터) 14, 15, 21, 10
2 (1) 48　(2) 72

개념 익히기 067쪽

1 9
2 $9+9=18$; 2, 18
3 $9+9+9=27$; 3, 27
4 $9+9+9+9=36$; 4, 36
5 $9+9+9+9+9=45$; 5, 45
6 $9+9+9+9+9+9=54$; 6, 54
7 $9+9+9+9+9+9+9=63$; 7, 63
8 $9+9+9+9+9+9+9+9=72$; 8, 72
9 $9+9+9+9+9+9+9+9+9=81$; 9, 81

개념 다지기 068쪽

2 6, 54　3 9, 45　4 9, 81
5 9, 63　6 1, 9　7 9, 72
8 3, 27　9 6, 54　10 6, 30
11 4, 36　12 9, 63

선생님놀이

클립이 9개씩 7묶음이 있으므로 클립의 수를 곱셈식으로 나타내면 $9\times7=63$이에요.

구슬이 9개씩 6묶음이 있으므로 구슬의 수를 곱셈식으로 나타내면 $9\times6=54$예요.

개념 다지기 069쪽

1. 9 × 5 = 45
2. 9 × 2 = 18
3. 9 × 6 = 54
4. 9 × 8 = 72
5. 9 × 3 = 27
6. 9 × 5 = 45
7. 9 × 1 = 9
8. 9 × 9 = 81
9. 9 × 7 = 63
10. 9 × 4 = 36

선생님놀이

4 9 × 8 = 72
초콜릿이 한 접시에 9개씩 8접시 있으므로 초콜릿의 개수는 9×8=72, 72개예요.

8 9 × 9 = 81
초콜릿이 한 접시에 9개씩 9접시 있으므로 초콜릿의 개수는 9×9=81, 81개예요.

개념 키우기 070쪽

1. 식: 9×6=54 답: 54
2. (1) 식: 9×3=27 답: 27
   (2) 식: 9×4=36 답: 36
   (2) 식: 9×7=63 답: 63

1. 음료수가 한 상자에 9개씩 들어 있으므로 상자 6개에는 음료수가 9×6=54, 54개 들어 있어요.
2. (1) 의장대원은 한 줄에 9명씩 서서 행진하고 있어요. 안경을 쓴 의장대원은 모두 3줄이므로 곱셈식으로 나타내면 9×3=27이에요. 안경을 쓴 의장대원은 모두 27명입니다.
   (2) 안경을 쓰지 않은 의장대원은 모두 4줄이므로 곱셈식으로 나타내면 9×4=36이에요. 안경을 쓰지 않은 의장대원은 모두 36명입니다.
   (3) 의장대원은 9명씩 7줄을 이루고 있으므로 의장대원의 수를 곱셈식으로 나타내면 9×7=63이에요. 의장대원은 모두 63명입니다.

개념 다시보기 071쪽

1 2, 18	2 5, 45	3 8, 72
4 3, 27	5 1, 9	6 4, 36
7 6, 54	8 7, 63	9 9, 81

도전해 보세요 071쪽

1. 63
2. (1) 5 (2) 0

1. 9단 곱셈구구의 값이면서, 7단 곱셈구구의 값인 수를 구해요. 9×7=63, 7×9=63이에요. 숫자 6이 있으므로 답은 63입니다.
2. (1) 1이 5이면 1+1+1+1+1=5입니다.
   (2) 0이 5이면 0+0+0+0+0=0입니다.

11단계 1단 곱셈구구와 0의 곱

배운 것을 기억해 볼까요? 072쪽

1

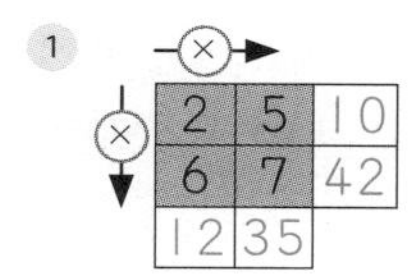

2

개념 익히기 073쪽

1 2, 2	2 4, 4	3 1, 1
4 6, 6	5 3, 0	6 9, 0
7 8, 8	8 5, 0	9 5, 5
10 6, 0	11 7, 7	12 3, 3
13 5, 0	14 9, 9	15 4, 0

개념 다지기 074쪽

1 1, 4, 4	2 1, 6
3 1, 3	4 7, 7
5 8, 0	6 1, 5
7 1, 9	8 2, 2

선생님놀이

배가 한 접시에 1개씩 모두 3접시 있어요. 배의 수는 $1\times3=3$(개)예요.

개념 다지기 075쪽

1. $1\times3=3$
2. $0\times6=0$
3. $1\times6=6$
4. $1\times2=2$
5. $1\times7=7$
6. $1\times5=5$
7. $0\times4=0$
8. $1\times9=9$
9. $1\times8=8$
10. $0\times7=0$

선생님놀이

$1\times6=6$

빵이 한 접시에 1개씩 모두 6접시 있으므로 빵의 개수는 $1\times6=6$, 6개예요.

$0\times4=0$

빵이 한 접시에 0개씩 모두 4접시 있어요. 즉, 빈 접시만 4개 있으므로 빵의 개수는 $0\times4=0$, 0개예요.

개념 키우기 076쪽

1. 식: $1\times5=5$ 답: 5

2. (1)

주사위 눈	1	2	3	4	5	6
나온 횟수(번)	3	1	2	0	1	0
점수(점)	$1\times3=3$	$2\times1=2$	$3\times2=6$	$4\times0=0$	$5\times1=5$	$6\times0=0$

(2) 식: $3+1+2+0+1+0=7$ 답: 7

(3) 식: $3+2+6+0+5+0=16$ 답: 16

1. 하루에 한 시간씩 5일 동안 운동했으므로 윤수가 운동한 시간은 $1\times5=5$, 5시간이에요.
2. (2) 나온 횟수를 모두 더해요. 주사위를 모두 7번 던졌습니다.
   (3) 나온 점수를 모두 더해요. 유리는 모두 16점을 얻었습니다.

개념 다시보기 077쪽

1. 2, 0
2. 5, 5
3. 4, 4
4. 6, 6
5. 3, 3
6. 9, 9
7. 8, 8
8. 8, 0
9. 7, 7

도전해 보세요 077쪽

1. 17
2. 1

1. 1등부터 차례로 구합니다. 1등은 5명이고 각각 3점씩이므로 $5\times3=15$(점)입니다.
   2등은 0명이고 각각 2점씩이므로 $0\times2=0$(점)입니다.
   3등은 2명이고 각각 1점씩이므로 $2\times1=2$(점)입니다.
   얻은 점수를 모두 더하면 $15+0+2=17$이므로 17점입니다.
2. ㉠=0, ㉡=1이므로 ㉠+㉡=0+1=1입니다.

12단계 곱셈표 만들기

배운 것을 기억해 볼까요? 078쪽

1.

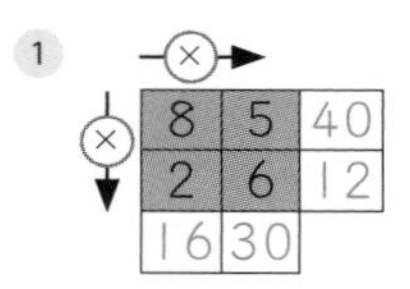

2.

개념 익히기 079쪽

1. 2; 4

2.

×	0	1	2	3	4	5	6	7	8	9
5	0	5	10	15	20	25	30	35	40	45
6	0	6	12	18	24	30	36	42	48	54

5; 6

3.

×	0	1	2	3	4	5	6	7	8	9
3	0	3	6	9	12	15	18	21	24	27
7	0	7	14	21	28	35	42	49	56	63
8	0	9	18	27	36	45	54	63	72	81

9, 7

개념 다지기 **080쪽**

1

×	1	2
2	2	4
3	3	6

2

×	3	4
4	12	16
9	27	36

3

×	5	6	7
2	10	12	14
3	15	18	21
4	20	24	28

4

×	4	5	6
5	20	25	30
6	24	30	36
8	32	40	48

5

×	2	3	4	5
0	0	0	0	0
1	2	3	4	5
2	4	6	8	10
3	6	9	12	15

6

×	6	7	8	9
4	24	28	32	36
5	30	35	40	45
6	36	42	48	54
9	54	63	72	81

7

×	3	7	5	6	9
5	15	35	25	30	45
1	3	7	5	6	9
2	6	14	10	12	18
4	12	28	20	24	36
7	21	49	35	42	63

8

×	1	4	2	7	8
6	6	24	12	42	48
3	3	12	6	21	24
9	9	36	18	63	72
8	8	32	16	56	64
5	5	20	10	35	40

선생님놀이

4 가로줄은 곱하는 수, 세로줄은 곱해지는 수예요.
$5\times4=20$, $5\times6=30$
$6\times4=24$, $6\times5=30$
$8\times5=40$, $8\times6=48$

개념 다지기 **081쪽**

1

×	1	2	3	4	5	6	7	8	9
1	1	2	3	4	5	6	7	8	9
2	2	4	6	8	10	12	14	16	18
3	3	6	9	12	15	18	21	24	27
4	4	8	12	16	20	24	28	32	36
5	5	10	15	20	25	30	35	40	45
6	6	12	18	24	30	36	42	48	54
7	7	14	21	28	35	42	49	56	63
8	8	16	24	32	40	48	56	64	72
9	9	18	27	36	45	54	63	72	81

2 5
3 9
4 $3\times8=24$, $4\times6=24$, $6\times4=24$, $8\times3=24$

선생님놀이

2 5단 곱셈구구는 $5\times1=5$, $5\times2=10$, $5\times3=15$, $5\times4=20$, $5\times5=25$, $5\times6=30$, $5\times7=35$, $5\times8=40$, $5\times9=45$와 같이 5씩 커져요.

4 곱이 24인 곱셈구구는 $3\times8=24$, $4\times6=24$, $6\times4=24$, $8\times3=24$입니다. 곱셈표에서 찾을 수 있어요.

개념 키우기 **082쪽**

1 (1) 7, 42 (2) 7, 42 (3) 같습니다에 ○표

2 (1) **방법 2** 예 3×4와 2×2를 더했어.
방법 3 예 5×4에서 2×2를 뺐어.

(2) 식: 예 **방법 1** $3\times2=6$, $5\times2=10$ → $6+10=16$

방법 2 $3\times4=12$, $2\times2=4$ → $12+4=16$

방법 3 $5\times4=20$, $2\times2=4$ → $20-4=16$

답: 16

1 곱하는 두 수의 순서를 바꾸어도 곱은 같아요. 그림을 세거나 곱셈표를 통해 알 수 있어요.
2 곱셈구구를 이용하여 블록의 개수를 다양하게 계산할 수 있어요.

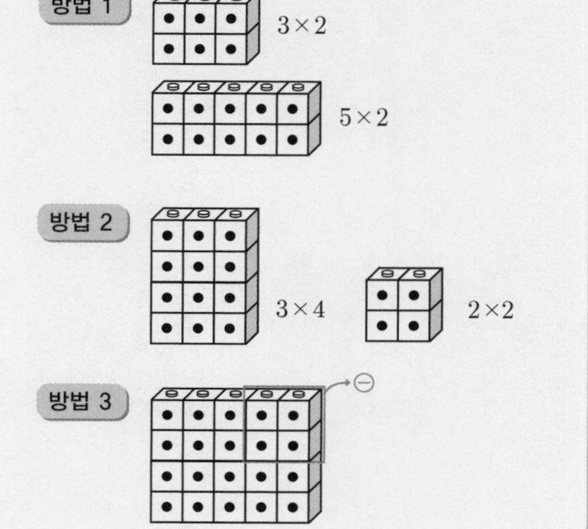

개념 다시보기 **083쪽**

1

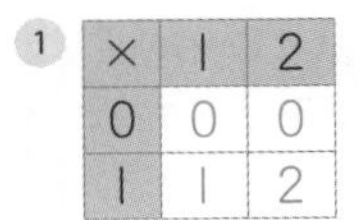

×	1	2
0	0	0
1	1	2

2

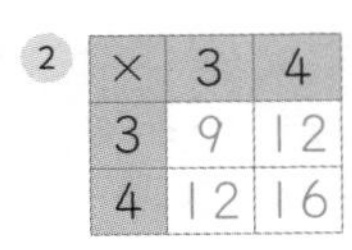

×	3	4
3	9	12
4	12	16

3

×	5	6
5	25	30
6	30	36

4

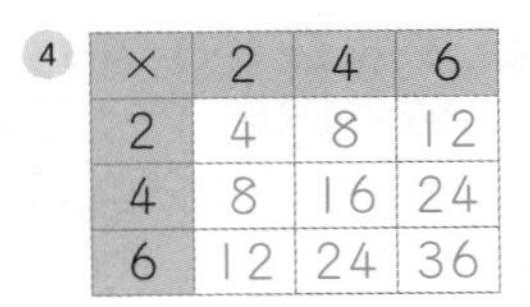

×	2	4	6
2	4	8	12
4	8	16	24
6	12	24	36

5

×	7	8	9
7	49	56	63
8	56	64	72
9	63	72	81

6

×	0	1	2	3	4	5	6	7	8	9
6	0	6	12	18	24	30	36	42	48	54
7	0	7	14	21	28	35	42	49	56	63

도전해 보세요 **083쪽**

1 2

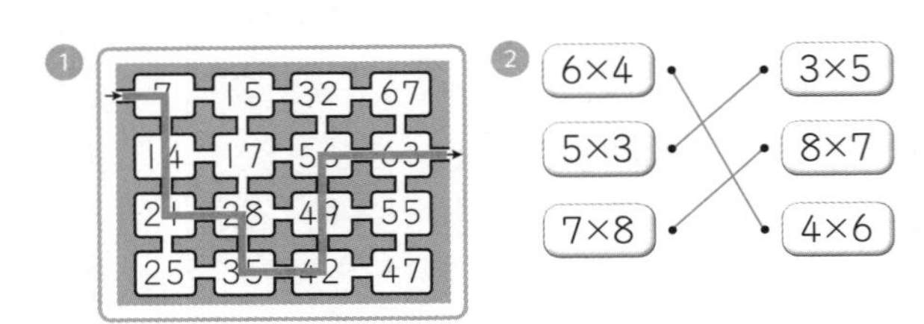

1 7단 곱셈구구에 나오는 값을 찾아요. 7×1=7, 7×2=14, 7×3=21, 7×4=28, 7×5=35, 7×6=42, 7×7=49, 7×8=56, 7×9=63이므로 값을 찾아 선을 그리면 미로를 탈출할 수 있습니다.

2 곱하는 두 수의 순서를 바꾸어도 곱은 같아요. 차례대로 계산해서 선을 이어요.

13단계 곱셈구구-1~9단, 0의 곱셈

배운 것을 기억해 볼까요? **084쪽**

1

×	2	4
5	10	20
7	14	28

2

×	5	6	7
3	15	18	21

개념 익히기 **085쪽**

1

×	0	1	3	5	6	7	8	9
2	0	2	6	10	12	14	16	18

2

×	9	7	5	4	2	1
3	27	21	15	12	6	3

3

×	7	8	9	4	6	2
5	35	40	45	20	30	10

4

×	1	2	3	4	5	6
6	6	12	18	24	30	36

5

×	9	8	7	6	5	4	3
7	63	56	49	42	35	28	21

6

×	4	1	3	7	5	8	9
9	36	9	27	63	45	72	81

개념 다지기 **086쪽**

1 14　2 6　3 12　4 30
5 28　6 48　7 42　8 56
9 9　10 4　11 7　12 5
13 9　14 3　15 7　16 8

선생님놀이

9 6단 곱셈구구에서 6과 곱해 54가 되는 수는 9예요. 6×9=54입니다.

13 어떤 수에 4를 곱해서 36이 되는 수를 찾아요. 4단 곱셈구구에서 4와 곱해 36이 되는 수는 9예요. 9×4=36입니다.

개념 다지기 **087쪽**

1 2　2 7　3 8　4 9
5 1　6 8　7 2　8 8
9 9　10 4　11 6　12 3
13 9　14 6

선생님놀이

2 곱하는 두 수의 순서를 바꾸어도 곱은 같아요. $4\times7=7\times4$예요.

5 $3\times3=9$이고, 9에 어떤 수를 곱해서 9가 되는 수는 1입니다.

개념 키우기 **088쪽**

1 3단 곱셈구구: 21, 24, 15, (23), 6, 3, 27, (25), 9, 18, 12
7단 곱셈구구: (17), 14, (48), (27), 35, 63, 56, 28, 21, 42, 7

2 (1)

공에 적힌 수	꺼낸 횟수(번)	점수(점)
0	3	0×3=0
2	0	2×0=0
4	2	4×2=8
6	4	6×4=24

(2) 식: $0+0+8+24=32$　답: 32

1 23, 25는 3단 곱셈구구에 나오지 않는 수이고, 17, 27, 48은 7단 곱셈구구에 나오지 않는 수입니다.
2 (2) (1)에서 구한 점수를 모두 더합니다. $0+0+8+24=32$입니다.

개념 다시보기 **089쪽**

1 9　2 16　3 12
4 10　5 24　6 20
7 16　8 15　9 36
10 40　11 27　12 48
13 63　14 42　15 36
16 49　17 81　18 56

도전해 보세요 **089쪽**

1 8, 24; 4, 24; 6, 24; 3, 24
2 21

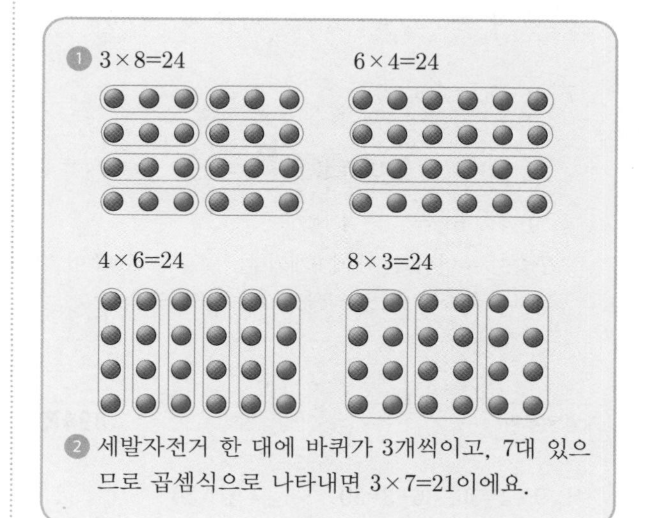

2 세발자전거 한 대에 바퀴가 3개씩이고, 7대 있으므로 곱셈식으로 나타내면 $3\times7=21$이에요.

14단계 곱셈구구의 활용

배운 것을 기억해 볼까요? **090쪽**

1 9, 36

2

×	1	3	5
1	1	3	5
3	3	9	15
5	5	15	25

개념 익히기 **091쪽**

1 5, 4, 20　2 6, 12
3 3, 24　4 9, 36

개념 다지기 **092쪽**

1 9, 45　2 3, 21　3 8, 64　4 4, 12　5 6, 54

선생님놀이

5 피자 한 판을 똑같이 6조각으로 나누었으므로 피자 9판은 $6\times9=54$(조각)이에요.

개념 다지기 **093쪽**

1 3 × 6 = 1 8
2 4 × 5 = 2 0
3 6 × 4 = 2 4
4 9 × 6 = 5 4
5 7 × 5 = 3 5

선생님놀이

4 9 × 6 = 5 4
구슬이 주머니 한 개에 9개씩 들어 있으므로 주머니 6개에 들어 있는 구슬은 9×6=54(개)예요.

개념 키우기 **094쪽**

1 식: 9×4=36, 36+3=39 답: 39
2 (1) 식: 6×7=42 답: 42
(2) 식: 8×5=40 답: 40
(3) 식: 42+40=82 답: 82

1 가빈이 아버지의 나이를 구하려면 가빈이의 나이에 4를 곱하고 3을 더해야 해요. 가빈이의 나이가 9살이므로 9×4=36, 36+3=39입니다. 가빈이 아버지의 나이는 39살입니다.
2 (1) 딸기는 한 상자에 6개씩 7상자 있으므로 6×7=42(개)입니다.
(2) 사과는 한 상자에 8개씩 5상자 있으므로 8×5=40(개)입니다.
(3) 딸기가 42개, 사과가 40개이므로 딸기와 사과는 모두 42+40=82(개)입니다.

개념 다시보기 **095쪽**

1 5, 30
2 7, 21
3 4, 20
4 5, 8, 40

도전해 보세요 **095쪽**

1 29, 33
2 가장 큰 곱: 8, 5, 40 또는 5, 8, 40
가장 작은 곱: 1, 3, 3 또는 3, 1, 3
합: 43

1 수민이가 얻은 점수부터 구해요. 2점짜리를 0개, 4점짜리를 2개, 6점짜리를 2개, 9점짜리를 1개 맞혔으므로 수민이가 얻은 점수는 2×0=0, 4×2=8, 6×2=12, 9×1=9를 모두 더한 값입니다. 0+8+12+9=29(점)입니다. 재윤이는 2점짜리를 1개, 4점짜리를 1개, 6점짜리를 0개, 9점짜리를 3개 맞혔어요. 재윤이가 얻은 점수는 2×1=2, 4×1=4, 6×0=0, 9×3=27을 모두 더한 값입니다. 2+4+0+27=33(점)입니다.
2 4장의 수 카드를 큰 수부터 순서대로 나열하면 8〉5〉3〉1입니다. 가장 큰 곱을 구하려면 가장 큰 수 8과 두 번째로 큰 수 5를 곱해야 하므로 8×5=5×8=40입니다. 가장 작은 곱을 구하려면 가장 작은 수 1과 두 번째로 작은 수 3을 곱해야 하므로 3×1=1×3=3입니다.

15단계 길이의 합

배운 것을 기억해 볼까요? **096쪽**

1 100
2 240
3 1, 50
4 3, 6

개념 익히기 **097쪽**

1 3, 60
2 4, 47
3 5, 35
4 7, 55
5 5, 61
6 7, 87
7 9, 60
8 13, 58

개념 다지기 **098쪽**

1 5, 33
2 10, 57
3 6, 95
4 7, 65
5 17, 69
6 13, 47
7 24, 88
8 27, 88
9 24, 68
10 30, 78

선생님놀이

3 m 43 cm와 4 m 22 cm를 더하면 3 m+4 m=7 m, 43 cm+22 cm=65 cm이므로 답은 7 m 65 cm예요.

15 m 56 cm와 12 m 32 cm를 더하면 15 m+12 m=27 m, 56 cm+32 cm=88 cm이므로 답은 27 m 88 cm예요.

개념 다지기 099쪽

1

	5 m	25 cm
+	4 m	50 cm
	9 m	75 cm

2

	3 m	70 cm
+	6 m	12 cm
	9 m	82 cm

3

	8 m	50 cm
+	12 m	25 cm
	20 m	75 cm

4

	15 m	35 cm
+	38 m	27 cm
	53 m	62 cm

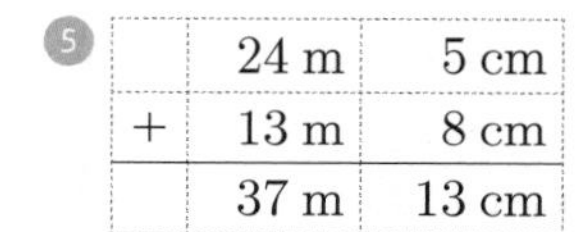

5

	24 m	5 cm
+	13 m	8 cm
	37 m	13 cm

6

	38 m	52 cm
+	16 m	16 cm
	54 m	68 cm

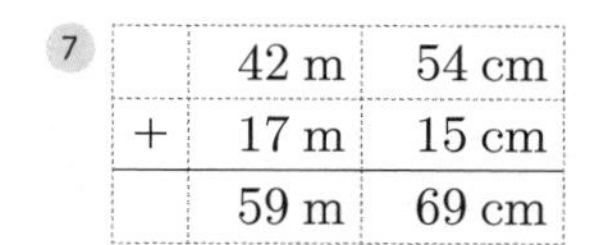

7

	42 m	54 cm
+	17 m	15 cm
	59 m	69 cm

8

	53 m	26 cm
+	22 m	35 cm
	75 m	61 cm

선생님놀이

5

	24 m	5 cm
+	13 m	8 cm
	37 m	13 cm

같은 단위끼리 자리를 맞추어 세로로 써요. 24 m 5 cm와 13 m 8 cm를 더하면 24 m+13 m=37 m, 5 cm+8 cm=13 cm이므로 답은 37 m 13 cm예요.

개념 키우기 100쪽

1 가장 긴 길이: 4, 32
가장 짧은 길이: 4, 7
길이의 합: 8, 39

2 4, 49

3 (1) 1, 35 (2) 1, 41

1 길이를 비교해서 가장 긴 길이와 가장 짧은 길이를 찾아요. 가장 긴 길이는 4 m 32 cm, 가장 짧은 길이는 4 m 7 cm이므로 두 길이의 합을 구하면 8 m 39 cm입니다.

2 색테이프 전체 길이를 구해요. 2 m 32 cm+2 m 17 cm=4 m 49 cm입니다.

3 (1) 주영이는 민수보다 키가 9 cm 더 커요. 민수의 키가 126 cm이므로 주영이의 키는 126 cm+9 cm=135 cm입니다. 135 cm는 1 m 35 cm와 같습니다.
(2) 강호는 주영이보다 키가 6 cm 더 커요. 주영이의 키가 1 m 35 cm이므로, 강호의 키는 1 m 35 cm+6 cm=1 m 41 cm입니다.

개념 다시보기 101쪽

1 3, 70 2 8, 67 3 20, 68
4 24, 31 5 10, 79 6 10, 67

도전해 보세요 101쪽

1 5, 4, 2; 11, 71

2 (1) 2, 5 (2) 2, 55

1 주어진 수 카드 3장을 큰 순서대로 나열하면 5>4>2이므로 가장 긴 길이는 5 m 42 cm가 됩니다. 5 m 42 cm+6 m 29 cm를 계산하면 11 m 71 cm입니다.

2 (1) 길이의 뺄셈이에요. m는 m 끼리, cm는 cm끼리 계산해요. 답은 2 m 5 cm입니다.
(2) m는 m 끼리, cm는 cm끼리 계산해요. 4 m 75 cm−2 m 20 cm를 계산하면 2 m 55 cm입니다.

16단계 길이의 차

배운 것을 기억해 볼까요? 102쪽

1 (1) 1, 6 (2) 320 (3) 2, 15
2 6, 86

개념 익히기 103쪽

1 1, 10 2 1, 10 3 3, 20 4 5, 30 5 2, 20
6 4, 35 7 5, 32 8 3, 44 9 5, 22 10 6, 31

개념 다지기 104쪽

1 2, 20 2 1, 15 3 3, 20 4 5, 42 5 3, 43
6 10, 26 7 8, 50 8 5, 51 9 7, 7 10 8, 35

선생님놀이

6 11 m 33 cm에서 1 m 7 cm를 빼면 11 m−1 m=10 m, 33 cm−7 cm=26 cm이므로 답은 10 m 26 cm예요.

10 14 m 67 cm에서 6 m 32 cm를 빼면 14 m−6 m=8 m, 67 cm−32 cm=35 cm이므로 답은 8 m 35 cm예요.

개념 다지기 105쪽

1

	5 m	30 cm
−	2 m	10 cm
	3 m	20 cm

2

	4 m	50 cm
−	1 m	15 cm
	3 m	35 cm

3

	6 m	45 cm
−	2 m	4 cm
	4 m	41 cm

4

	7 m	67 cm
−	3 m	16 cm
	4 m	51 cm

5

	3 m	64 cm
−	1 m	30 cm
	2 m	34 cm

6

	10 m	37 cm
−	6 m	32 cm
	4 m	5 cm

7

	9 m	74 cm
−	3 m	62 cm
	6 m	12 cm

8

	15 m	75 cm
−	9 m	32 cm
	6 m	43 cm

선생님놀이

3

	6 m	45 cm
−	2 m	4 cm
	4 m	41 cm

같은 단위끼리 자리를 맞추어 세로로 써요. 6 m 45 cm에서 2 m 4 cm를 빼면 6 m−2 m=4 m, 45 cm−4 cm=41 cm이므로 4 m 41 cm예요.

개념 키우기 106쪽

1 식: 2 m 75 cm−1 m 50 cm=1 m 25 cm
답: 1, 25
2 (1) 식: 1 m 70 cm−1 m 50 cm=20 cm
답: 20
(2) 식: 1 m 65 cm−1 m 50 cm=15 cm
답: 15
(3) 식: 1 m 50 cm−1 m 40 cm=10 cm
답: 10
(4) 지호

1 처음 길이에서 사용하고 남은 길이를 빼면 사용한 색테이프의 길이를 알 수 있어요. 2 m 75 cm−1 m 50 cm=1 m 25 cm예요.
2 (1) 민아가 어림한 길이와 리본의 실제 길이의 차를 구해요.
(2) 윤수가 어림한 길이와 리본의 실제 길이의 차를 구해요.
(3) 지호가 어림한 길이와 리본의 실제 길이의 차를 구해요.
(4) 실제 길이와 어림한 길이의 차는 민아 20 cm, 윤수 15 cm, 지호 10 cm입니다. 20〉15〉10이므로 차이가 가장 작은 사람은 지호입니다.

개념 다시보기 107쪽

1 1, 21
2 1, 35
3 2, 22
4 6, 23
5 13, 42
6 13, 25

도전해 보세요 107쪽

1 2, 33
2 3, 30

1 고무줄의 처음 길이와 늘어난 뒤의 길이가 얼마나 차이 나는지 구하면 5 m 55 cm−3 m 22 cm=2 m 33 cm입니다.
2 9 m 40 cm에서 얼마만큼 뺐더니 6 m 10 cm가 되었습니다. 얼마만큼 뺐는지 구하면 9 m 40 cm−6 m 10 cm=3 m 30 cm입니다.

17단계 길이의 합과 차

배운 것을 기억해 볼까요? 108쪽

1 4, 19
2 2, 17
3 4, 25

개념 익히기 109쪽

1 3, 73
2 2, 10
3 9, 77
4 3, 42
5 3, 11
6 10, 47
7 14, 90
8 7, 70
9 8, 25
10 4, 7

개념 다지기 110쪽

1 2, 22
2 4, 87
3 7, 66
4 2, 51
5 3, 2
6 14, 44
7 3, 22
8 13, 67
9 35, 99
10 3, 13

선생님놀이 

6 길이의 합을 구해요. 10 m+4 m=14 m, 24 cm+20 cm=44 cm이므로 답은 14 m 44 cm예요.

10 길이의 차를 구해요. 12 m−9 m=3 m, 75 cm+62 cm=13 cm이므로 답은 3 m 13 cm예요.

개념 다지기 111쪽

1

	1 m	22 cm
+	2 m	51 cm
	3 m	73 cm

2

	3 m	43 cm
+	1 m	24 cm
	4 m	67 cm

3

	3 m	60 cm
−	2 m	40 cm
	1 m	20 cm

4

	6 m	39 cm
+	2 m	30 cm
	8 m	69 cm

5

	8 m	70 cm
−	5 m	50 cm
	3 m	20 cm

6

	7 m	54 cm
−	3 m	32 cm
	4 m	22 cm

7

	9 m	53 cm
+	4 m	23 cm
	13 m	76 cm

8

	5 m	85 cm
−	2 m	62 cm
	3 m	23 cm

선생님놀이 

3

	3 m	60 cm
−	2 m	40 cm
	1 m	20 cm

두 길이의 차를 구하려면 더 긴 길이에서 더 짧은 길이를 빼야 해요. 2 m 40 cm보다 3 m 60 cm가 더 길어요. 3 m 60 cm−2 m 40 cm로 식을 만들 수 있어요. 3 m−2 m=1 m, 60 cm−40 cm=20 cm이므로 답은 1 m 20 cm예요.

8

	5 m	85 cm
−	2 m	62 cm
	3 m	23 cm

585 cm=5 m 85 cm, 262 cm=2 m 62 cm예요.
5 m 85 cm−2 m 62 cm를 계산해요.
5 m−2 m=3 m, 85 cm−62 cm=23 cm이므로 답은 3 m 23 cm예요.

개념 키우기 **112쪽**

1 합: 4 m 22 cm+3 m 7 cm=7 m 29 cm
답: 7, 29
차: 4 m 22 cm−3 m 7 cm= 1 m 15 cm
답: 1, 15

2 (1) 식: 55 m 25 cm+32 m 46 cm=87 m 71 cm
답: 87, 71
(2) 식: 87 m 71 cm−79 m 50 cm=8 m 21 cm
답: 8, 21

1 주어진 세 길이를 비교해 가장 긴 길이와 가장 짧은 길이를 찾아요. 가장 긴 길이는 4 m 22 cm, 가장 짧은 길이는 3 m 7 cm예요. 길이의 합과 차를 각각 구합니다.

2 (1) 태연이네 집에서 놀이터까지는 55 m 25 cm, 놀이터에서 서점까지는 32 m 46 cm예요. 태연이네 집에서 놀이터를 지나 서점까지 가는 거리는 55 m 25 cm+32 m 46 cm=87 m 71 cm입니다.
(2) 태연이네 집에서 놀이터를 지나 서점까지 가는 거리는 87 m 71 cm, 태연이네 집에서 서점으로 바로 가는 거리는 79 m 50 cm예요. 두 길이의 차는 87 m 71 cm−79 m 50 cm=8 m 21 cm입니다.

개념 다시보기 **113쪽**

1 5, 80
2 2, 50
3 2, 34
4 8, 67
5 12, 84
6 7, 3

도전해 보세요 **113쪽**

1 1 m 32 cm
2 3 m 24 cm

1 삼각형 세 변의 길이의 합은 3 m 69 cm입니다. 주어진 두 변의 길이를 더한 다음, 세 변의 길이의 합에서 두 변의 길이의 합을 빼면 남은 한 변의 길이를 알 수 있어요. 114 cm+123 cm=237 cm예요. 237 cm는 2 m 37 cm와 같아요. 3 m 69 cm−2 m 37 cm=1 m 32 cm입니다.

2 처음 길이 5 m 64 cm에서 여훈이가 사용한 길이만큼 빼요. 5 m 64 cm−2 m 40 cm= 3 m 24 cm 입니다.

18단계 시각과 시간 1

배운 것을 기억해 볼까요? **114쪽**

1 

2 

3 

4 

개념 익히기 **115쪽**

1 7, 8; 3; 7, 15
2 6, 7; 9; 6, 45
3 2, 3; 5; 2, 25
4 11, 12; 4; 11, 20
5 10, 11; 7; 10, 35

개념 다지기 **116쪽**

1 1, 12
2 3, 32
3 6, 7
4 7, 13
5 9, 24
6 4, 52
7 2, 47
8 8, 59
9 11, 13

선생님놀이

짧은바늘이 11과 12 사이에 있고 긴바늘은 숫자 2에서 작은 눈금으로 3칸 더 간 곳을 가리켜요. 숫자 2는 10분이고, 작은 눈금 3칸은 3분이므로 13분이에요. 따라서 11시 13분이에요.

개념 다지기 117쪽

1 9, 45; 10, 15
2 4, 50; 5, 10
3 10, 50; 11, 10
4 2, 55; 3, 5
5 5, 50 ; 6, 10
6 9, 45; 10, 15
7 11, 55; 12, 5
8 3, 50; 4, 10

선생님놀이

3 짧은바늘이 10과 11 사이에 있고, 긴바늘은 숫자 10을 가리켜요. 따라서 10시 50분이에요. 10시 50분에서 10분 뒤는 11시이므로 11시 10분 전이에요.

개념 키우기 118쪽

1 7, 50

2 (1)

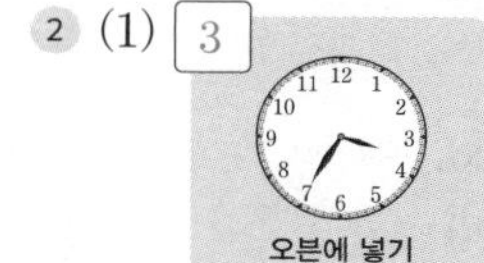

(2) 3, 35; 2, 30; 3, 12

1 8시 10분 전은 7시 50분과 같아요.
2 (1) 시계를 보고 시각이 빠른 순서대로 번호를 써요. 오븐에 넣은 시각은 3시 35분입니다. 반죽을 한 시각은 2시 30분입니다. 머핀 틀에 넣은 시각은 3시 12분입니다. 순서대로 나열하면, 반죽하기 → 머핀 틀에 넣기 → 오븐에 넣기예요.
(2) 시계를 보고 순서대로 시각을 쓰면 3시 35분, 2시 30분, 3시 12분이에요.

개념 다시보기 119쪽

1 3, 30
2 10, 2
3 7, 23
4
5
6

7
8

9

도전해 보세요 119쪽

1 지수
2 4, 45

1 지수는 7시 50분에, 수린이는 8시 15분 전에 일어났습니다. 8시 15분 전은 7시 45분과 같아요. 더 늦게 일어난 사람은 지수입니다.
2 짧은바늘이 4와 5 사이에 있고, 긴바늘은 9를 가리키고 있어요. 따라서 4시 45분입니다.

19단계 시각과 시간 2

배운 것을 기억해 볼까요? 120쪽

1 2, 5
2 5, 20

개념 익히기 121쪽

1 1
2 1, 40
3 70
4 90
5 120
6 2, 30

7 7시 10분 20분 30분 40분 50분 8시 10분 20분 30분 40분 50분 9시

; 1, 40, 100

8 4시 10분 20분 30분 40분 50분 5시 10분 20분 30분 40분 50분 6시

; 90, 1, 30

9 2시 10분 20분 30분 40분 50분 3시 10분 20분 30분 40분 50분 4시

; 1, 20, 80

개념 다지기 122쪽

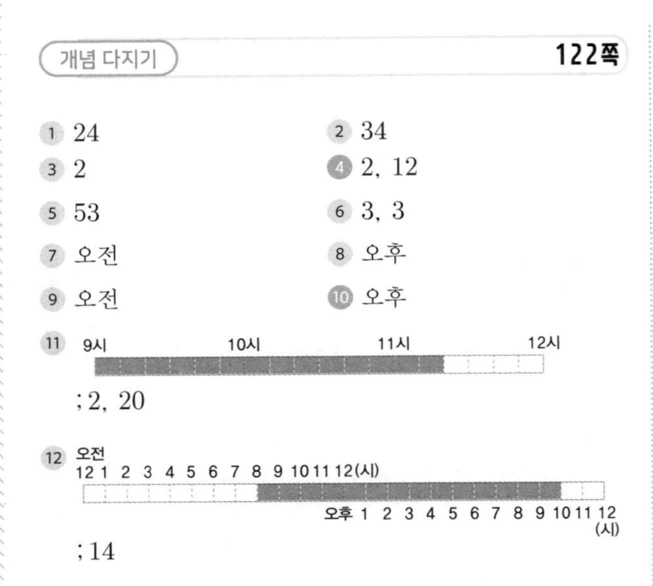

1 24
2 34
3 2
4 2, 12
5 53
6 3, 3
7 오전
8 오후
9 오전
10 오후
11 ; 2, 20
12 ; 14

선생님놀이

4 1일=24시간, 2일=48시간이에요. 60시간=48시간+12시간이므로, 2일 12시간이에요.

10 낮 12시부터 밤 12시까지를 오후라고 해요. 낮 12시는 오후예요.

개념 다지기 123쪽

1 0, 40
2 1, 10
3 1, 20
4 0, 35
5 1, 18
6 1, 40
7 5, 10
8 7, 10

선생님놀이

5 9시 12분에서 10시 30분까지 걸린 시간은 1시간 18분이에요.

개념 키우기 124쪽

1 2, 15
2 (1) 1, 20, 80
(2) 1, 40, 100
(3) 2, 30, 150
(4) 10

1 축구 경기가 오후 4시에 시작되어 오후 6시 15분에 끝났으므로 2시간 15분 동안 축구 경기를 했어요.
2 (1) 9시부터 10시 20분까지 걸린 시간은 1시간 20분이에요. 1시간 20분=60분+20분=80분이에요.
(2) 10시 20분부터 12시까지 걸린 시간은 1시간 40분이에요. 1시간 40분=60분+40분=100분이에요.
(3) 3시부터 5시 30분까지 걸린 시간은 2시간 30분이에요. 2시간 30분=120분+30분=150분이에요.
(4) 오전 9시부터 오후 7시까지 걸린 시간은 모두 10시간이에요.

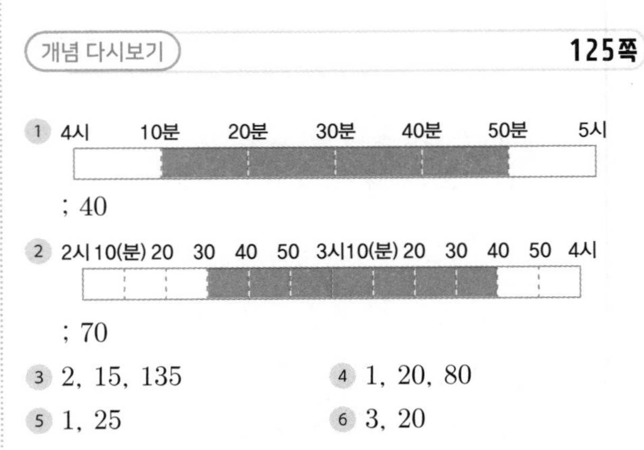

개념 다시보기 125쪽

1 ; 40
2 ; 70
3 2, 15, 135
4 1, 20, 80
5 1, 25
6 3, 20

도전해 보세요 125쪽

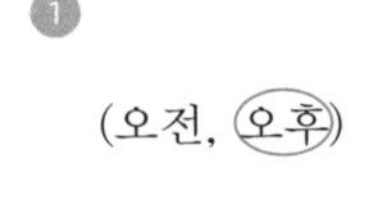

1 (오전, 오후)

2 6, 33

1 오전 8시에서 12시간이 지나면 오후 8시예요. 13시간 후에 잠자리에 든다고 했으므로, 나리가 잠자리에 드는 시간은 오후 8시에서 한 시간 후인 오후 9시예요.
2 긴바늘이 3바퀴를 도는 데 걸리는 시간은 3시간이에요. 시계가 가리키고 있는 시각은 3시 33분이므로, 3시간 후에는 6시 33분이 됩니다.

20단계 표에서 규칙 찾기

배운 것을 기억해 볼까요? 126쪽

1 (1) 14, 18 (2) 20, 30

2 (위에서부터) 56, 66, 74, 75

개념 익히기 127쪽

1

+	2	4	6	8
2	4	6	8	10
4	6	8	10	12
6	8	10	12	14
8	10	12	14	16

; 2, 2, 4, 짝수에 ○표

2

+	1	3	5	7
1	2	4	6	8
3	4	6	8	10
5	6	8	10	12
7	8	10	12	14

; 2, 2, 4, 짝수에 ○표

3

×	2	3	4	5
3	6	9	12	15
4	8	12	16	20
5	10	15	20	25
6	12	18	24	30

; 5, 5

4

×	6	7	8	9
1	6	7	8	9
2	12	14	16	18
3	18	21	24	27
4	24	28	32	36

; 2, 8, 4

개념 다지기 128쪽

1

+	4	5	6	7
3	7	8	9	10
4	8	9	10	11
5	9	10	11	12
6	10	11	12	13

규칙 1 아래로 한 줄씩 내려갈수록 1씩 커져요.
규칙 2 오른쪽으로 한 칸씩 갈수록 1씩 커져요.
규칙 3 예 ↘ 방향으로 2씩 커져요.

2

+	3	5	7	9
2	5	7	9	11
4	7	9	11	13
6	9	11	13	15
8	11	13	15	17

규칙 1 예 오른쪽으로 한 칸씩 갈수록 2씩 커져요.
규칙 2 예 아래로 한 줄씩 내려갈수록 2씩 커져요.
규칙 3 예 모든 수들이 홀수예요.

3

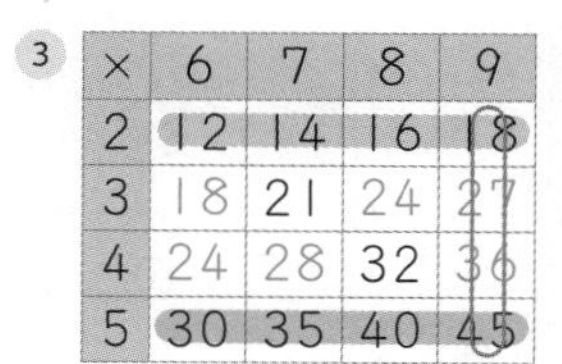

×	6	7	8	9
2	12	14	16	18
3	18	21	24	27
4	24	28	32	36
5	30	35	40	45

규칙 1 ▬으로 색칠된 수들은 2씩 커져요.
규칙 2 ▬으로 색칠된 수들은 일의 자리 숫자가 0과 5가 반복돼요.
규칙 3 예 ▭으로 묶은 수들은 9씩 커져요.

4

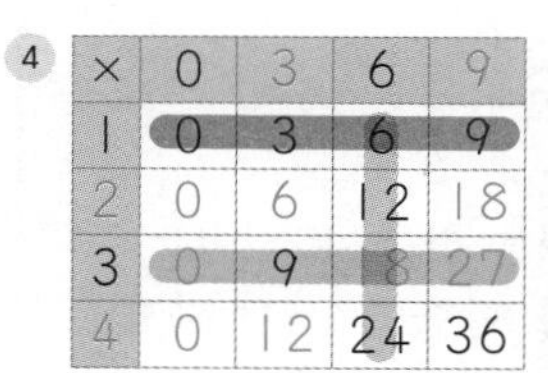

×	0	3	6	9
1	0	3	6	9
2	0	6	12	18
3	0	9	18	27
4	0	12	24	36

규칙 1 예 ▬으로 색칠된 수들은 3씩 커져요.
규칙 2 예 ▬으로 색칠된 수들은 9씩 커져요.
규칙 3 예 ▬으로 색칠된 수들은 6씩 커져요.

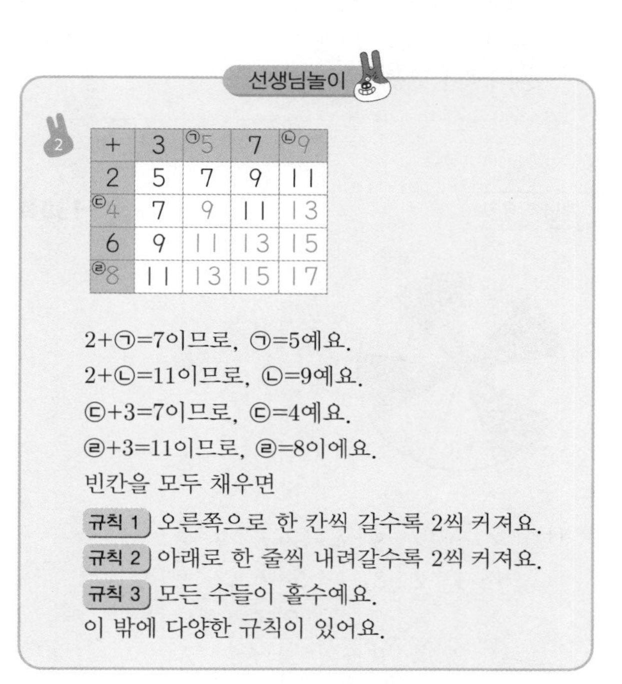

선생님놀이

2

+	3	㉠5	7	㉡9
2	5	7	9	11
㉢4	7	9	11	13
6	9	11	13	15
㉣8	11	13	15	17

2+㉠=7이므로, ㉠=5예요.
2+㉡=11이므로, ㉡=9예요.
㉢+3=7이므로, ㉢=4예요.
㉣+3=11이므로, ㉣=8이에요.
빈칸을 모두 채우면
규칙 1 오른쪽으로 한 칸씩 갈수록 2씩 커져요.
규칙 2 아래로 한 줄씩 내려갈수록 2씩 커져요.
규칙 3 모든 수들이 홀수예요.
이 밖에 다양한 규칙이 있어요.

개념 다지기 129쪽

1

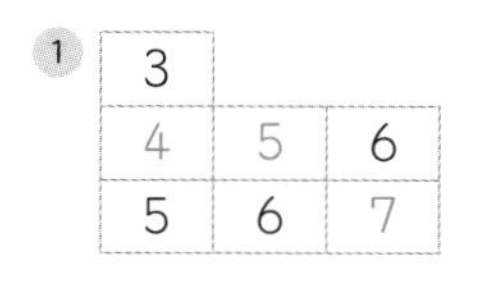

3		
4	5	6
5	6	7

2

6	9	12
8	12	16
10	15	
12	18	

3

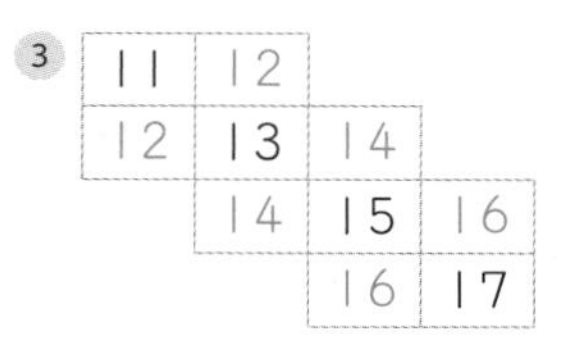

11	12		
12	13	14	
	14	15	16
		16	17

4

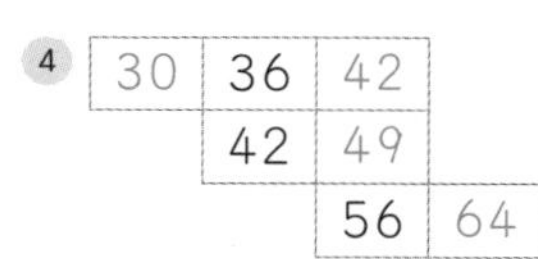

30	36	42	
	42	49	
		56	64

5

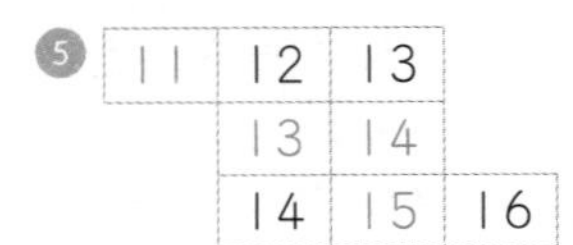

6

24	30		
	35	42	49
	40	48	56

선생님놀이

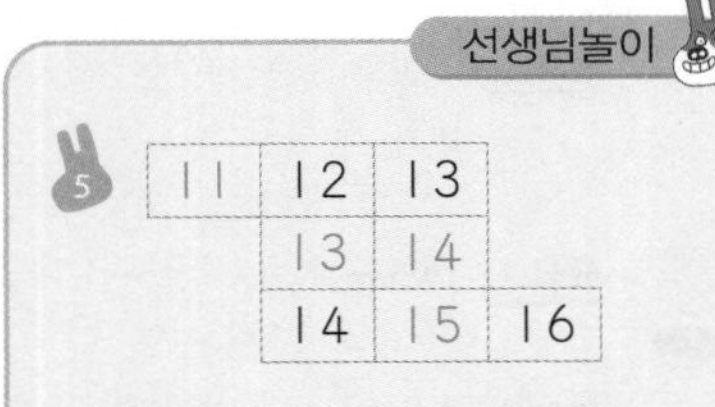

덧셈표를 완성해서 규칙을 찾을 수 있어요. → 방향으로 1씩 커져요. ↓ 방향으로 1씩 커져요. 12의 왼쪽에 있는 수는 12보다 1 작은 수인 11이에요. 12의 아래쪽에 있는 수는 12보다 1 큰 수인 13이에요. 13의 오른쪽 수는 14예요. 14의 아래쪽에 있는 수는 15예요.

개념 키우기 **130쪽**

1

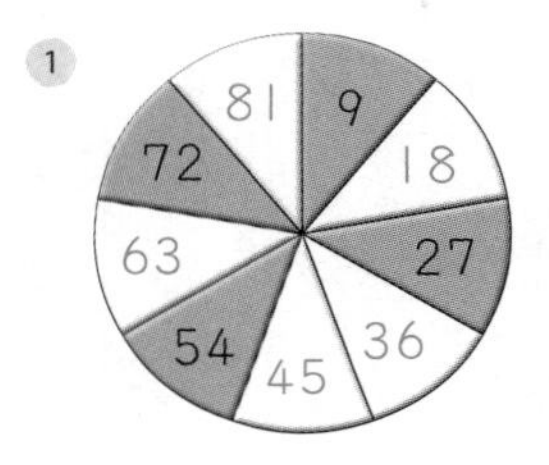

2 (1)

×	1	2	3	4	5	6	7	8	9
1	1	2	3	4	5	6	7	8	9
2	2	4	6	8	10	12	14	16	18
3	3	6	9	12	15	18	21	24	27
4	4	8	12	16	20	24	28	32	36
5	5	10	15	20	25	30	35	40	45
6	6	12	18	24	30	36	42	48	54
7	7	14	★	28	35	42	49	56	63
8	8	16	24	32	40	48	56	64	72
9	9	18	27	36	45	54	63	72	81

(2)

×	1	2	3	4	5	6	7	8	9
1	1	2	3	4	5	6	7	8	9
2	2	4	6	8	10	12	14	16	18
3	3	6	9	12	15	18	21	24	27
4	4	8	12	16	20	24	28	32	36
5	5	10	15	20	25	30	35	40	45
6	6	12	18	24	30	36	42	48	54
7	7	14	★	28	35	42	49	56	63
8	8	16	24	32	40	48	56	64	72
9	9	18	27	36	45	54	63	72	81

(3)

×	1	2	3	4	5	6	7	8	9
1	1	2	3	4	5	6	7	8	9
2	2	4	6	8	10	12	14	16	18
3	3	6	9	12	15	18	21	24	27
4	4	8	12	16	20	24	28	32	36
5	5	10	15	20	25	30	35	40	45
6	6	12	18	24	30	36	42	48	54
7	7	14	★	28	35	42	49	56	63
8	8	16	24	32	40	48	56	64	72
9	9	18	27	36	45	54	63	72	81

(4)

×	1	2	3	4	5	6	7	8	9
1	1	2	3	4	5	6	7	8	9
2	2	4	6	8	10	12	14	16	18
3	3	6	9	12	15	18	21	24	27
4	4	8	12	16	20	24	28	32	36
5	5	10	15	20	25	30	35	40	45
6	6	12	18	24	30	36	42	48	54
7	7	14	★	28	35	42	49	56	63
8	8	16	24	32	40	48	56	64	72
9	9	18	27	36	45	54	63	72	81

; 같습니다.

1 시계 방향으로 9씩 커지는 규칙이 있어요.

2 (4) $7\times3=21$이므로 ★에 들어갈 수는 21입니다. 점선을 따라 접었을 때 ★과 만나는 수는 $3\times7=21$이므로 두 수는 같습니다.

개념 다시보기 131쪽

1

+	2	4	6	8
1	3	5	7	9
3	5	7	9	11
5	7	9	11	13
7	9	11	13	15

; 2, 2, 4

2

×	3	4	5	6
3	9	12	15	18
4	12	16	20	24
5	15	20	25	30
6	18	24	30	36

; 4, 4

도전해 보세요 131쪽

1

+	3	5	7	9
5	8	10	12	14
6	9	11	13	15
7	10	12	14	16
8	11	13	15	17

규칙 예 오른쪽으로 한 칸씩 갈수록 2씩 커져요.

2

×	1	2	3	4
1	1	2	3	4
2	2	4	6	8
3	3	6	9	12
4	4	8	12	16

규칙 예 ━으로 색칠된 수들은 3씩 커져요.

1

+	3	㉠	㉡	㉢
5	8	10	12	14
㉣	9			
㉤	10			
㉥	11			

5+㉠=10이므로, ㉠=5예요.
5+㉡=12이므로, ㉡=7이에요.
5+㉢=14이므로, ㉢=9예요.
㉣+3=9이므로, ㉣=6이에요.
㉤+3=10이므로, ㉤=7이에요.
㉥+3=11이므로, ㉥=8이에요.
덧셈표를 완성하면 위에서부터 11, 13, 15, 12, 14, 16, 13, 15, 17이에요.

2

+	㉠	㉡	㉢	㉣
㉤	1			
㉥	2	4		
㉦		6	9	
㉧			12	16

두 수를 곱해서 1인 수는 1×1=1이므로 ㉠=㉤=1이에요.
㉥×1=2이므로, ㉥=2예요.
2×㉡=4이므로, ㉡=2예요.
㉦×2=6이므로, ㉦=3이에요.
3×㉢=9이므로, ㉢=3이에요.
㉧×3=12이므로, ㉧=4예요.
4×㉣=16이므로, ㉣=4예요.
곱셈표를 완성하면 위에서부터 2, 3, 4, 6, 8, 3, 12, 4, 8이에요.

수고하셨어요.
다음 단계로 같이 가요!

MEMO

개념연결 연산의 발견 4권

지은이 | 전국수학교사모임 개념연산팀

초판 1쇄 발행일 2020년 1월 23일
초판 2쇄 발행일 2022년 3월 21일
개정판 1쇄 발행일 2024년 1월 12일

발행인 | 한상준
편집 | 김민정 · 강탁준 · 손지원 · 최정휴 · 허영범
삽화 | 조경규
디자인 | 김경희 · 김성인 · 김미숙 · 정은예
마케팅 | 이상민 · 주영상
관리 | 양은진

발행처 | 비아에듀(ViaEdu Publisher)
출판등록 | 제313-2007-218호(2007년 11월 2일)
주소 | 서울시 마포구 연남동 월드컵북로6길 97(연남동 567-40) 2층
전화 | 02-334-6123 전자우편 | crm@viabook.kr
홈페이지 | viabook.kr

ISBN 979-11-92904-51-1 64410
ISBN 979-11-92904-47-4 (2학년 세트)